JN249608

原子力発電と日本社会の岐路

聖書と共に考える
混成型共生社会と脱原発

日本クリスチャン・アカデミー［編］
姜尚中・上山修平

新教出版社

はじめに

かねてより、電力を原子力発電に頼るのは危険だと警鐘を鳴らして止まない人が少数ながらいた。しかし私たちの政治の責任者は、大丈夫だ、安心だと言ってその警鐘を無視し、原子力発電所を増やし続け、ますますそれに依存する体制を固めてきた。主だった自然科学者も社会科学者も大部分の市民も、その政策に異論を唱えず、それを支持してきた。

しかし、原子力発電所の事故は、２０１１年3月11日、思いがけず地震と津波をきっかけとして起きた。警鐘通り、それにより甚大な被害が生じた。大量の放射性物質が空中や水中にまき散らされ、15万もの人々がその住む所を追われ、今も13万人が帰る見込みを立てられないでいる。山や、川、田畑、海が広範囲に放射性物質により汚染され、何百万人もが、次世代まで及ぶ健康被害におびえている。原子炉中心部は今もくすぶり続け、それを冷却する汚染水が漏洩し続けている。それだけではない。使用済み核燃料棒は、原子炉内のプールに不安定な状態のまま暫定的に保管され続け、それを10万年もの間安全に保管する方策は目途も立っていない。

しかるに、我々の政府は、再び国内の原子力発電所を稼働させようとしているだけでなく、日本の原子炉を海外にまで売り込もうとしている。

我々は、福島原発事故から、何も学び取らなかったのであろうか。今も苦しんでいる被災者にどう応えようとしているのであろうか。こんなに多くの犠牲を払ってもなお、その警鐘に耳を傾けないのであろうか。我々は、その危険の目撃者、証人ではないか。

日本クリスチャン・アカデミーは、この社会の岐路に立って、広く開かれた真摯な討論を通し、日本がエネルギー問題に関し賢明な選択をなし得るように寄与したいと願い、２０１２年度からこのフォーラムを企画した。

その第１回として２０１２年10月に、福島原発事故独立検証委員会委員長を務められた北澤宏一先生と、神学者の栗林輝夫先生を招いて、「原子力発電の根本問題と我々の選択」と題した一泊二日のフォーラムを、京都の関西セミナーハウス・修学院きらら山荘で持った。その記録は、同名の書籍として２０１３年10月に新教出版社から出版された。

第２回は２０１４年１月12～13日に、政治学者の姜尚中先生と牧師の上山修平先生を招いて、「福島原発事故を原点に据えて、日本と世界の歩むべき方向を探る」と題し、同じく一泊二日のフォーラムを関西セミナーハウス・修学院きらら山荘で持った。本書は、そこでの講演とはなしあいを録音からおこした記録である。このフォーラムの狙いは、賛成や反対を声高に叫ぶのでなく、なぜ反対なのか、なぜ賛成なのかを、理を尽くして語り、異なる意見に耳を傾け、

考え合うことを通し、意見の対立の壁に風穴を開け、壁を瓦解させることにある。ドイツのクリスチャン・アカデミーが、対話と祈りを通して、ドイツを東西に分け隔てていた厚い壁を瓦解させたように。

今回のフォーラムには、さまざまな場所からさまざまな立場の方々が78名参加してくださった。

プログラムは、12日午後4時半から姜尚中先生の「混成型共生社会の可能性」と題する講演で始まり、夕食を挟んで、7時から9時まで姜尚中先生を囲むはなしあいの時を持ち、さらに10時半まで姜尚中先生を囲む自由懇談の時を持った。そこでは福島から来られた医師の富永国比古氏が、被災者は、生き残った罪責感や見捨てられた不安におびえ、差別、相互不信、家族や友人関係の崩壊などに苦しんでいると報告された。

13日早朝には、有志が礼拝堂に集まり、私たちの思いではなく神様の御心が成ることを願いつつ、榎本栄次牧師の導きにより、静想する時を持った。

朝食後12時まで上山修平先生の「今、聖書から問う――核利用の根にあるもの」と題する講演と、上山先生を囲むはなしあいの時を持った。午後には、二人の講師の導入の言葉の後四つのグループに分かれてはなしあいを行い、その後4時まで全員ではなしあいの時を行った。

本書は、これらのプログラムの内、12日夜の自由懇談と13日朝の静想の時、同日午後のグループのはなしあいを除く、講演とはなしあいを録音から起こしたものである。ただし、講演者と司会者以外の発言者の名前は伏した。発言者の肩書きは当時のものである。

この記録集が、多くの人の手に取って読まれ、この問題を共有してくださる人の輪が広がり、日本社会の今後の方向付けに、少なからぬ寄与をなし得ることを願う。

公益財団法人日本クリスチャン・アカデミー　代表理事

小久保　正

目次

目次

混成型共生社会の可能性

姜　尚中

かん・さんじゅん　1950年、熊本県熊本市に生まれる。国際基督教大学准教授、東京大学大学院情報学環・学際情報学府教授などを経て、聖学院大学教授、同学長を歴任。東京大学名誉教授。専攻は政治学、政治思想史。テレビ・新聞・雑誌などで幅広く活躍。主な著書に『マックス・ウェーバーと近代』、『オリエンタリズムの彼方へ』、『ナショナリズム』、『東北アジア共同の家をめざして』、『増補版 日朝関係の克服』、『在日』『姜尚中の政治学入門』、『ニッポン・サバイバル』、『愛国の作法』、『悩む力』、『続・悩む力』、『心の力』、『リーダーは半歩前を歩け』、『あなたは誰？　私はここにいる』など。共著に『グローバル化の遠近法』、『ナショナリズムの克服』、『デモクラシーの冒険』、『戦争の世紀を超えて』、『大日本・満州帝国の遺産』など。編著に『在日一世の記憶』など。小説『母―オモニ―』、『心』を刊行。

はじめに

本日はお招きいただきましてありがとうございます。明日は上山先生から「福島から日本と世界を考える」をテーマにお話いただけるということですから、本日は、上山先生のイントロとして、どちらかというと歴史的かつ政治的な事柄に話題を広げながら、少し大きな構図を皆さんにお話したいと思ってここにまいりました。

　さて、タイトルに掲げた「混成型」という言葉は、ハイブリッドという言葉の訳語ですが、これは評論家の加藤周一さんの言葉を使えば「雑種的」ということになります。しかしあえて「混成型」という言葉を使うことで、さまざまな民族・人種・性別を備えた人々が混成しながら、一つの社会の中でハーモニーを奏でることができればとてもすばらしいのではないかという想いを表したいと思います。また、多文化主義とも違う意味で、この言葉を使いました。マルチ・カルチュラリズムという言葉は比較的アングロ・サクソン系の植民地社会で作られていく場合が多いためです。これをあえて「混成型」と言うのは、実態としてある概念よりは、こうあってほしいという作業仮説であるからだとご理解いただければありがたいと思います。

　奇しくも今年3月11日で、あの東日本大震災から3周年を迎えます。混成型共生社会実現の前提として、3月11日が問いかけるものは何か。この問いに答えるためには、過去にも目を向けなければなりません。本日、水俣・広島・福島と話を広げますのは、そういう理由があります。特に水俣については、私の生まれが熊本で、高校生まで熊本に住んでいたことと関係しています。熊本県には三つの宿痾（しゅくあ）があります。一つは水俣病、もう一つはハンセン病の日本最大の収容施設があることであり、三つ目は非常にまがまがしいのですが、オウム真理教の誕生の地であるということです。そういう点において一つの県に、戦後日本の非常に大きな事件が三つもあり、私もそこで生まれたのには、ある種、運命的なものを感じています。また個人的に親しく、熊本にも縁のある細川護熙氏が東京都知事選で立つということになれば、微力ながら私に何かできないか、考えることがあります。そういった自分の出自と育った場所との関係もありまして、水俣については後でお話をいたします。

東日本大震災が問いかける、ポスト3・11の日本の行方

3月11日から2週間後に、私は相馬市に入りました。あの時は交通が遮断されて、行き交うのは自衛隊の車両及び物資を運ぶ業者の方々だけだったわけです。相馬市には立谷市長という、市長であると同時にお医者さんでもある方がおられます。当時、南相馬では自宅に帰ることのできない人々が相馬市の学校に避難している状態でした。そんな中で、相馬市長は「籠城宣言」を出しました。「相馬市が避難しなければいけない場合には、相馬市は医療弱者も含めて一人たりとも落伍者を出さずに避難する。そうでなければ相馬市に籠城する」というものです。その立谷さんへインタビューをするため、テレビ・メディアのクルーと一緒に相馬市に入りました。私は戦後生まれですので、戦争の体験もありませんし、巨大災害の後がどういう状態なのかもよく知らなかったわけですが、そこには私にとって戦慄すべき事態が展開されていまし

た。痛切に感じたのは、３月11日以後の見えない空気のようなものがあるということです。空気というものは、においも含めて、映像メディアではどうしても伝えることができません。その独特の空気とにおいというものは、今でも私に強い印象を与えています。

この時、３月11日が日本にとって何を意味するのか、私はいろんな形で思いを巡らせました。その一つは１９２８年の関東大震災です。この東京を襲った大震災の時、10万人の方々が亡くなっています。その際朝鮮半島出身者が数千名虐殺されたと言われていますが、その実態はよくわかりません。わかりませんが、明らかに関東大震災を大きな起点にして、日本は当時の大正・昭和初期の国際協調主義――少なくとも中国に対するそれ以上の膨張を避けつつ、欧米と協調しながら現状維持を図るというある種の協調主義体制――を崩し、やがて１９２８年の張作霖爆殺へと至ります。そして昭和大恐慌、１９３１年の満州事変へとつながっていくわけです。つまり、楽観的に大正デモクラシーの明るいイメージをもっていた時代――一般のシビリアンが日常の生活を送れると思い、帝都東京が震災後の復興に沸いていた時代――から急速に歴史が暗転していくというのが戦前の歴史でした。果たして関東大震災が３月11日とアナロジカルな関係にあるのかどうか。ポスト関東大震災とポスト３月11日とは、ある種のパラレルな関係を持つことになるのかどうか。私自身はその時相馬市の惨禍を目の当たりにしながら思いを巡らせたわけです。

簡単に申しあげれば、前途には二つの道があるのではないかと思いました。単純な図式ですが、一つはポスト関東大震災と同じような方向に進む道。戦前の暗い道です。歴史的な状況や国際的な環境がまるで違いますから、同じことが繰り返されるわけではありません。しかし旧約聖書の「伝道の書」には「先にあったことは、また後にもある。先になされた事は、後にもなされる」（一・九、口語訳）という記述があります。それは私たちにとって、かなりネガティブなコースではないでしょうか。もう一つは、これを契機に市民社会の足腰が強くなる道。地域社会を含めたさまざまな強い草の根から、私事（わたしごと）とも公事（おおやけごと）とも違う、第三の「コモン」といっていいようなものが生まれてくるのではないか。すなわち、私的なものか公的なものかの二者択一ではなく、その中間にそれぞれの人々がさまざまな痛みや生活上のいろんな問題を共有しあうような「共に」の道、それがコモンという言葉の意味だと思いますが、そういうものが日本社会の中から戦後初めて出てくるかもしれないという新たな道を私自身、頭の中で想像したわけです。

残念ながら昨年12月の安倍政権の始まりから、前者の方向に急速に変わっていっているのではないかと感じています。12月の衆議院選挙の後にはかなり危機感をもって明治学院大学でも講演をさせていただきました。もちろん日本を取り巻く国際環境、とりわけ中国の問題、北朝鮮の問題、日韓関係や日中関係、この地域におけるアメリカの役割等々は、非常に複雑な状況にあります。しかし海外のメディアの中にはこの地域において近い将来、武力衝突が起きるのではないかということが、かなりまことしやかに言われています。

こういう状況の中で安倍政権はさまざまな施策を講じ、原発の再稼働、同時に国家的なプロジェクトとして原発を海外に輸出していくという方向に大きく舵を切るようになったわけです。また特定秘密保護法案が出され、これはもう法律として成立してしまいました。さらに日本版ＮＳＡ（National Security Agency）である国家安全保障局の設置。これは戦前であれば統帥権を一手に引き受ける機関ということになります。日本の軍部の独走、統帥権という魔物を結局は誰もコントロールできなかった。そんな統帥権という非常に重要なものに関わる組織がＮＳＡという形でできたわけです。そして今年は国家安全保障基本法を上程するのではないかと言われています。条文の内容を逐次見ていただければ、集団的自衛権の行使のみならず、地方自治体及び市民の非常時における動員、国民としての義務が、かなり明確に全面的に表われています。さらには武器輸出三原則を完全に空洞化させる等々の、戦後日本が築きあげてきた平和国家としてのタテマエとは、かなり違うものが明確に表れてきています。

私の考えでは、安倍政権は日本国憲法の憲法改正手続条項から入ること、96条から入ることを事実上放棄して、憲法の実態をなし崩し的に変えていこうとしているように思えてなりません。憲法が変わるのは最後の形式的な儀式にしかすぎなくなる。このままいけばそうなる可能性が非常に強いのではないかと考えています。これは新しい形の富国強兵策としか私自身には考えられないわけです。今、いうまでもなくこのポスト3・11の事態は、当初私が思いを巡らせていた二つの選択肢のうち、最悪の方向に向かおうとしていると考えています。

奇しくも今年は第一次世界大戦から100年になります。欧米メディアでは、第一次世界大戦と現在の国際情勢とを二重写しにし、第一次世界大戦のもつ意味について、さまざまな特集が組まれています。第一次世界大戦勃発の翌年、日本は大隈内閣においてこれまでの国際協調主義を放擲し、対華21カ条を当時の袁世凱・中国に突きつけるという行動をとりました。そして事実上、ドイツの租借地を日本が領有したので、第一次世界大戦は日本にとっては漁夫の利を得た非常に好ましい戦争であったとも言えます。したがって日本は戦後、第一次世界大戦については強い反省や、戦争の意味について過去を振り返るということをしなかった。しかしヨーロッパにおいては、第一次世界大戦の意味は、第二次世界大戦より大きく、歴史的にも、この2014年に大きな課題として浮上しています。

1915年の対華21カ条は中国においてはアヘン戦争に継ぐ国辱であると考えられています。今年から来年にかけ、中国国民は対華21カ条を日本に突きつけられた歴史を思い起こし、日本に対する意識、歴史感覚が国民的なレベルで、もう一度再生される可能性が十分あります。一方そんな中で、尖閣諸島、防空識別圏をめぐる中国のある種の覇権主義も現れてきています。

考えてみますと日本を「西洋覇道の犬」、「鷹狩りで使われる犬」だといったのは孫文です。孫文は神戸において「日本は王道の道を歩くのか、覇道の道を歩くのか、帝国主義的な力による西洋支配の犬と化すのか、それとも東洋の王道を歩くのか」ということを二者択一として迫ったわけですが、実際の歩みは関東大震災以降、民族主義、ウルトラナショナリズムのうねりの中で結局、日本は戦争への道を歩んでしまったわけです。

3月11日が果たして関東大震災と同じような意味を持つのかどうか、これはまだわかりません。わかりませんが、こういった現在の状況を鑑みると、その可能性が十分あり得る事態に立ち至っています。つまり現在の中国の覇権主義的な動きに対して、日本もまた戦後憲法から覇道の道へと舵を切ろうとしているのではないかと思われます。これはこの3月11日の事態の中で我々が、もう一度考えなければいけないことです。

原発の再稼働もまたそれと密接不可分にかかわっているのではないでしょうか。これは明日の上山先生のお話の中で私もぜひともお聴きしたいと思うわけですが、この原発をめぐる問題は単なるエネルギーの問題なのでしょうか。この東アジアにおいては、北朝鮮の核の脅威があり、中国が核兵器を持ち、また韓国も１９７０年代半ばフランスとの連携の中で核開発を進めようとした形跡があります。朴大統領が１９７９年に射殺されたのも核兵器の開発と何らかの関わりがあるのではないかという説すら、一時期、まことしやかに人口に膾炙しました。つまり東アジアにおいては、オバマ政権がいう「核の脅威からの脱却」よりは、核をめぐる問題がより強く脅威感となって、この地域だけ、他の地域と比べても、より危険な状態に向かいつつあるように私には見えてくるわけです。日本は世界最大のプルトニウムをもっていますし、IAEAの査察のかなりの部分が日本のプルトニウムの管理にかかわっています。そして日本は優れた原子力開発のテクノロジーを持っています。このことがただ単にエネルギー政策だけの問題ではなく、何らかの形で核兵器についてのオプションを必ずしも手放さないと言う思惑と関わっているのではないかと思っていますが、事実関係においてまだ確証はありません。

しかしながら1960年代後半、時のブラント政権の重要なブレーンだった人物が、(これは朝日新聞にも出ていましたが)日本の外交当局の次官級の人物と話をした時に、日本側としては核へのオプションを完全に捨て去ることはできない、何らかの形でキープしておかなければいけないと発言したということが一部の新聞でリークされました。核のエネルギーや人命の問題、国土の問題を考えれば、ドイツ型の脱原発があり得るにもかかわらず、依然としてこの問題に対してガードが堅いということは、単なるエネルギーの問題では解消されない国家の核兵器への何らかのオプション、そのノウハウをどこかで確保しておきたいという意図が働いているのではないかと私自身は考えています。これは将来的に日米安保が日本にとって信頼性をなくした時に備えて、日本が何らかの形で核へのオプションを完全に断ち切ってはいけないという発想が、日本の国家理性を「コントロール」している人々の間にも共通の意見としてあるのではないかというのが私の想像です。

ポスト3・11は、ポスト関東大震災とパラレルな形で進んでいくのかどうか。今、進行形で進もうとするこの事態をどうみたらいいかという問題を、まず3月11日が問いかけるものとして皆さんに提示したかったわけです。

犠牲のシステム

2番目に、15万以上の人々が流浪の生活を強いられ、到底「アンダーコントロール」とはいえず、現在も汚染水が大量に放出されるような事態、またメルトダウンして炉芯溶融したものの所在把握すらままならない福島の現状の中で、世界の地震大国である日本が50基以上の原発を有し、さらに現政権においては新しい原子力施設の開発すら進められようとしているのはどうしてなのか。これは福島だけをみていては、全貌がよく理解できないのではないか。それを理解するためには、水俣・広島・福島の三つからこの問題にアプローチしていく必要があるのではないかと考えたわけです。

水俣病は、私のふるさと熊本の有明海で起きた、現在も続いている世界最大級の公害です。

胎児性水俣病を最初に発見し、水俣病についてさまざまな発言やいろんな本を残された熊本学園大学の原田正純先生に、『胎児からのメッセージ――水俣・広島・ベトナムから』という著書があります。この中では、水俣と広島、ベトナムがセットになって「胎児からのメッセージ」として語られています。胎児性水俣病患者の実態は、原田先生を通じて初めて明らかにされました。メチル水銀中毒が神経系統を完全に破壊し、無脳症の子どもが出てくるという本当に痛ましいことが、熊本県の有明海で起きたわけです。アセトアルデヒトの製造過程で副産物として出るメチル水銀の人体への影響について、50年代においてはほとんど明らかにされておりませんでした。これは今日の福島を考える時にさまざまな点で示唆的意味を持っています。

第一に水俣が突きつけてきたことは、食物連鎖を通じて、最終的にそれを刈り取る連鎖の頂点にいる人間が、濃縮されたメチル水銀を摂取せざるをえない事態であったということです。数10万倍に濃縮されたメチル水銀が魚介類を経て人体に摂取され、その結果として我々の想像を上回る問題が生じてきたことは皆さん、知っての通りですし、これは石牟礼道子さんの『苦海浄土』の中でも縷々述べられていることです。そして石油ショックの1973年、大量の化石燃料をがぶ飲みするような文明の限界というものが明らかになり、同年、シューマッハという人が『スモール・イズ・ビューティフル』という本を書きました。まさにこの年に、水俣病訴訟は患者側が勝利を収めています。さらに1993年、熊本地裁は国と熊本県の過失責任を認める画期的な判決を出しました。その判決から、去年でちょうど20周年を迎えたことになります。しかし現在もまだ水俣病の実態は明らかにされておりません。政府や厚生労働省のいう見解とは別に、水俣病の広がりは我々の想像を絶しています。有明海全般に広がり、それがどこまで広がるかということすら、まだ明らかにされておりません。

目を向けるべきは、国の水俣病認定の方法です。彼らは水俣病患者の認定について一定の期間を設け、その期間の範囲外については一切、補償の対象として認めない、というやり方をとっています。私の言葉でいえばこれは明らかに「棄民」です。このような血も涙もない行政、国の施策というものが、数十年にわたって司法判断が下されているにもかかわらず、一向に変わらない。このことが福島を考えていく時にも、そっくりそのままあてはまるのではないかと思います。

このことは広島とも関わっています。原爆症の認定基準においては、ガン及び白血病については爆心地から3キロメートル以内、心筋梗塞その他は1・5キロ以内等々の、さまざまな制約、つまり線引きをしていくことが、平然と数十年にわたって行われてきました。つまり国家というものは、このような災害に対して最大限の救済ではなく、最小限の救済の道を絶えず選んでいくということです。さらにまたどうして広島と長崎に原爆が投下されたのか。なぜ当時の最高軍事司令部や日本政府の首脳部はいち早くポツダム宣言を受諾しなかったのか。ＮＨＫ

のある番組に私も出ましたけども、当時の外務省や軍部は、内務省も含めて、ソビエトの参戦をすでに知っておりました。「ソビエトの参戦と原爆の投下が日本の敗戦を早めた」。これまでの通説ではそのように言われていたわけですが、日本の首脳はソビエトの参戦を知っていた形跡がある。このことは最近、当時のポルトガルから日本の外務省への秘密の打電によって明らかにされています。つまり戦争を始め、戦争を終息させる最後の決断がなされないまま、膨大な犠牲者が出され、その挙げ句に「聖断」という形で8月15日を迎えた。もしも日本の戦争主導者が早期の戦争終結を決断していれば、広島、長崎への原爆投下はなかったかもしれないということです。そしてその上、一般の無辜の民に対する原爆症の認定に関して、戦後から今日に至るまで、２００8年に認定基準を部分的に緩和しただけで、国側は司法の判断を一向に考慮に入れないまま、依然としてこれまでの基準方針の不備を認めておりません。こうした国家の無謬性、国家というものは過たないという考え方が、国家をハンドリングしている人々の間で未だに共有されていることに、驚きを禁じ得ないわけです。

私は、過去の植民地支配や戦争の処理をめぐって、なぜ日韓関係において今もなお大きな問題が解決されないのかという問いに関しても、同じことが言えると考えています。自国民に対してこれほどまでに冷たい所業を積み重ねてくる国家であれば、国籍が違う外国の人々に対しては、それ以上の反応を示すということは当然推測できることではないかと思うのです。水俣と広島を見ていくと多くの共通性があります。国家の無謬性を前提に、災害が起きても最小限の救済に留めておく。そして線引きを行う。線引きされた人々はその中でさまざまな葛藤と対立が起きるという構図です。沖縄でもまさしく同じような事態が起きているわけです。そして福島においても現在進行形で明らかに被害者が被害者と対立しあう、言ってみればディバイド・アンド・ルール（分割し統治せよ）の原則があてはまる状況になっていっている。さまざまな利益をめぐって被害者同士で対立し、本来ならばお互いに連帯しあう人々が寸断され、そして内側からさまざまな対立の根が増幅されていくという構図が、広島にも福島にも、また水俣にもございました。現在の沖縄においてもそれが同じような形で繰り返されているのではないかと思います。

これらが示すのは、明らかに国家の無謬性を前提とした犠牲のシステム――サクリファイスを当然とするシステム――が国民のかなりの数の人々を取り込んでいるということです。例えば、沖縄という小さな島に日本の米軍基地の70数パーセントが集積されているという事態が数十年も続きながら、本土にいる我々はそれについて何らかの抜本的な策を講じることができない。こういう事態は明らかに、犠牲のシステムの上に私たちの成長、繁栄というものが成り立っていることを示しているわけです。

しかし今回の福島の事態はあまりにも深刻であり、その犠牲者の数が水俣や広島の被爆者以上に膨大な数にのぼり、かつ現在進行形であることにおいて、これまで以上に危機的な状況にあるのではないかと考えています。そういう事態の中で福島が今日に至っている。「絆」の大合唱は一過性のものだったと思います。忘却のためにつくられた言葉だったのではないでしょうか。見事に2年数カ月たって、あたかもあの出来事がなかったかのように、東京に住めば株価の乱高下に一喜一憂するという毎日に戻りつつあります。すさまじい勢いでの忘却が進んでいるわけです。しかし、こう考えていくと、この事態は福島だけのものではないように思われます。私たちは、水俣、広島に続く戦後日本のあり方を、もう一度問い直す必要があるのではないでしょうか。

「ポスト戦後」が始まるのか

残念ながら一方で、日本の現在の政治状況、さらには社会の状況を考えていきますと、こうした流れに肯定的な動きもあります。それは大きいものを求める、強いものを求める、高いものを求める、そしてより速く、という富国強兵型の価値観が日本社会の中に構築されようとしていることを意味しています。現在の安倍政権は、まさしくそうした「大」「強」「高」「速」に彩られる社会的な価値をもう一度復権させ、強い国家主義的な方向へと日本をリードしようとしているのではないでしょうか。

「先にあったことはまた後にもある」。もちろん歴史が単純に繰り返されるわけではありません。しかし「先にあったものはまた後にもある、先になされたことは後になされ得るのだ」と考えておかなければならないと思います。現在の安倍政権は、ある種の新・富国強兵へと向かおうとしています。自民党の憲法改正草案をみれば間違いなく憲法破壊としか言いようのない、少なくとも近代国家の中で立憲主義を掲げている国であれば、到底受け入れることのできない憲法の内容になっています。国防軍をはじめ国家への忠誠、愛国心が強調され、将来的には徴兵制もあり得るのではないかと思わされる内容です。そこまでいかなくても失業状態にある若者がアメリカと同じように何らかの形でさまざまな社会的給付、ケアを交換条件に、日本の軍事力を担うことも将来的にはあり得るのではないかと思います。

そういう中で私たちの社会は純化を求める。この社会の中の不純なもの、つまり異民族、とりわけ中国や韓国、朝鮮半島との関わりを持つ人々を排斥しようという動きも一部で強くなっていると思います。私自身も在日の一人です。残念なことですが、関東大震災から90年、明らかにヘイトスピーチが関西や関東で乱舞するという事態を目の当たりにしています。かつてユダヤ人に対する排斥を行ったクリスタルナハトを彷彿とさせると指摘する人もいます。こういう中で２０１４年、福島から３周年を迎える。「日本人であれ」という同調圧力が至るところで高まっているのが、紛れもない今の日本の状況ではないかと考えているわけです。

その中で確実に地方と中央との格差は我々が想像する以上に進んでいることは知っての通りです。年間所得200万円以下の人々が、もう2割以上になっていると思いますし、階層間格差、地域間格差は著しく進んでいると思います。改正された生活保護法や改正された雇用労働法においては、間違いなく非正規雇用がこれまで以上に増えていく労働、雇用環境が作られているのではないか。イレギュラーな労働しかできない労働人口がマジョリティになっていく可能性もないわけではありません。ジャスト・イン・タイム、トヨタのカンバン方式、部品を必要な時だけ調達できるシステムが労働力においても当てはまっていくのではないか。生活保護を刈り込み、雇用労働環境を劣悪なものにしながら、他方で社会福祉や年金、医療、私たちのウェルビーイング、生命の再生産や生活の上で必要なものがどんどんやせ細っていく。同時に日本の国防費が5年にわたって確実に増加していることが、今回の中期国防計画の中でも明らかにされています。このある種の国家主義は戦前とは違うと思います。少なくとも戦前のウルトラ・ナショナリズムは天皇制農本主義も含めて何らかの形で地域的なパトリオティズムとセットになっておりました。現在の国家主義は、私の言葉でいえば「東京中心主義」といっても過言ではありません。ある意味において「国民なき国家主義」になっている。ナショナリズムは国民主義、国家主義、民族主義の3通りに訳されることがありますが、私の目には明らかに

「国民なき国家主義」と映っています。そして国民の声が政党を通じて政治的な磁場になかなか反映されない。まともな対抗勢力がない中で、ある種の翼賛政治がまかり通っているわけです。

私もこの10年以上、北は北海道から南は沖縄まで地域社会の中に呼ばれ、その実態を見てきましたが、地域の劣化、地域社会のさまざまなほころびは目を覆いたくなる形で進んでおります。いってみれば「棄民化」が地域社会の中では部分的に起きてきているといっても過言ではないのではないかと思います。今、安倍政権が進めようとしていることは「より大きく、より強く、より高く、より速く、より集中して」であり、２０２０年の東京オリンピックはこれを事実上、担保しました。オリンピックに向けて東京においてミニバブルが起きると思いますし、建設ラッシュが起き、復興の槌音が響かなければならない東北から多くの建設労働者が東京に集中する事態が今後、進んでいくのではないか。このような日本のあり方は戦後の平和国家が目指したものとは明らかに違うものです。しかし単なる戦前への復帰ではありません。間違いなく、ある種の「ポスト戦後」という時代の幕開けへの舵取りが、来年から戦後70年に向けて始まろうとしているのではないかと考えています。

考えてみますと今年は戦後69年です。長い、長い戦後という時代が終わるかもしれない。「戦後」という言葉自体が辞書の中から消えていくかもしれない。では果たして「ポスト戦後」

はどういう時代なのか。これは私にもまだよくわかりません。これが新たな1970年代だと断言できるかどうかもわかりません。もしかしたら今、新しい1930年代的な状況に進んでいこうとしているのではないか。私は1950年、昭和25年に生まれました。戦後という時代とともに自分自身も息をし、日本の社会の中で齢を重ねてきたと思いますが、正直申しあげて日本の戦後の終わりを目撃し、日本の国家や社会がこういう状況になるとは夢にも思いませんでした。しかし、少なくとも3月11日からみる限りにおいて、そういう状況にある。一方この中で反原発、脱原発、さらに震災をめぐるボランティアやいろんな市民社会のネットワーク、地域の中の隠れた草の根での試みや新しい公共性を立ち上げる動き・平和運動、いろいろな動きが実は日本の社会の中に旺盛にあることもまた事実です。しかし残念ながらそれはまだ政治的な磁場に一つの大きな力、うねりとなって立ち上がってきているとは思えません。今回の特定秘密保護法案は大きな出来事だと理解しました。この法案が実際に施行され、運用される過程で、日本の社会がどうなっていくのか。これはまだ未知数ですが、特定秘密保護法の成立は我々にとって大きな重しとなるのではないかと思っています。

トランスナショナルなクリスチャン

それではクリスチャンは、こういう事態にどう対応したらいいのか。戦前の場合、内村鑑三の言葉である二つのＪのうち、「ジャパン」という国家への忠誠が、結局はキリスト教を凌駕してしまいました。私は、日本的なキリスト教、韓国的なキリスト教があるわけではないと思います。キリスト教の日本があり、キリスト教の韓国があります。それでは私たちは、東アジアの中でさまざまな問題を共有し合える人々として、神の子として、教会に参じる者として、国家やナショナリズムの軛（くびき）からどうやって脱却し、この状態にどう対応していくべきか。これは非常に難しいテーマであると思います。日本においてクリスチャンといわれる人は１００万人にも満たないと思います。韓国は、よきにつけあしきにつけ、数百万、千万単位で信徒がいるといわれています。そこで、神に仕える者として、どうやって国境の軛を外し、人々が交じり合い、この問題について解決策を講じることができるかを今、真剣に考えなければならないと考えます。我々がこの時代を見過ごし、民主的な時代の中で再び過ちを繰り返すことになれば、それは暗黒の時代に過ちを繰り返すこと以上に罪深いと思うのです。したがって我々クリスチャンはこの時代に対して何らかの形で、共に国境を超えて人々との輪を広げていかなければばならないのではないか、ということを最後に申しあげておきたいと思います。「混成型共生社会の可能性」というのは、民族や宗教、さまざまなイデオロギーや思想、信条の違いを超えて人々が平和の傘のもとで交じり合いながら共に暮らす社会を意味します。東アジアもまた、そうなってほしいということを込めて「混成型共生社会」についてこれまで述べてきたつもりです。

東アジアがどうなるのか。今日は主に日本にフォーカスしてその状況の批判をいたしましたが、今後、東アジアを含めてどうなるかは、また食事の後、皆さんのご質問にひとつひとつ答えながら話していこうと思います。明日の上山先生のお話の中でも脱原発に向けた国境を超えた取り組みについて発言があると思います。私は2年前、東京大学現代韓国センターの主催で「東アジアの安全共同体」というシンポジウムを開催しました。チェルノブイリの専門家を呼び、松本市長を呼び、韓国からも原発についての専門家を呼びました。韓国でいったん原発事故が起これば九州が壊滅的な打撃を受けることは言うまでもありません。否、九州のみならず、ここ京都を含めて西日本が壊滅的な打撃を受けます。原発事故の被害は国境を超える。日韓がどのような形でさまざまなリスクを管理し、脱原発に向かうことができるのか、そういうシンポジウムを開催しました。

このように、日本一国だけではなく、私たちは国を超えてこの問題に取り組んでいかなければばなりませんし、国を超えたクリスチャン同士のさまざまな交流や日常的なつながりが、今ほど必要な時代はないのではないかと思います。そうした問題については、また後の質疑の時間にお答えしたいと思います。いちおう私の講演をこれで終わらせていただきます。ご静聴ありがとうございました。

質疑　戦後社会と原発体制とのつながり

司会　どうもありがとうございました。現在の日本の状況、国としてどういう方向に向かっているかの分析を精緻にしていただきました。お話を伺い、不安に思うところも悩むところもあります。最後にキリスト教の視点から国境を超えて、どう交わりを築いていくのか、これはたいへん重要なご指摘ではないかと思いました。

一つ伺いたいのは、先生がおっしゃる「混成型」とは現在の社会のありようとして「大強高速」の面を許しつつも、そうでない面もあっていい、という意味でしょうか。

姜　「大」の反対は「小」、「強」の反対は「弱」、「高」の反対は「低」、「速」の反対は「遅」ですね。日本では1998年から毎年3万人近い人たちが自ら死を選んでいる。韓国では日本よりもっと高い割合で、10万人あたりの自死の数が25〜26人です。日本は確か23〜24人。OECD諸国の中で日本と韓国はダントツに高い。東欧のハンガリー等々が高かったのですが、それは体制が変わったことによる弊害があったからだと思います。イギリスとアメリカと比べても高い。アメリカは日本や韓国の2分の1から4分の1、イギリスもそうです。新自由主義的な激烈な競争が行われているアメリカやイギリスと比べても、日本と韓国がダントツに高い。韓国の場合はさらに若年層で日本より増えています。特に韓国では日本と違って、97年の経済破綻からV字型で10万人あたりの自死数が増えている。これは、「強く、大きく、高く、速く」を求めていく社会に耐えられない人々がたくさん出てきているということです。いってみればムンクの「叫び」のようです。実はスクリーム、叫びに対して耳を塞いで叫びを聞こうとしていない。しかし叫びが聞こえるという苦悶の表情が、そこに表れている。この時代の中で日本と韓国でその叫びが響き渡っているわけですが、それは為政者にほとんど届いておりません。そういうようなことが日本と韓国で同時並行的に起こりながら、他方、国家主義が両国で未だに大きな役割を果たしているわけです。

3月11日が突き付けてきた矛盾は、日本の社会において、1997年の経済破綻から毎年3万人以上の人々が自死を選んでいるということです。これは警察による死亡統計ですが、死因がわからない人はカウントされていないと思います。一説ではその2倍、3倍ではないかという説もあります。私にもよくわかりません。いずれにせよ、社会から脱落していく人々が増えている日本と韓国の現状を、どう考えたらいいのでしょうか。3・11で2万人の行方不明者と死者が出た、しかし毎年3万人以上の人が自ら死を選んでいる。10万人あたり20数名というのはたいへんな数字です。本来なら宗教界はこの問題にこそ光をあてて取り組まないといけないと思いますが、残念ながら力が足らないこともあり、韓国でも、この問題は解けておりません。

「混成型社会」というのは人種や民族等々だけではなく、弱者が自らの生存をあたりまえのこととして認められる社会のことです。韓国の場合は日本以上に生活保護の実際の財政的な仕組みが弱い面もあり、いろんな問題が出ています。日本も生活保護法が大幅に改正され、一般に生活保護を受けにくい状況に人々は追いやられています。そういう事態が進んでいけば分極化が進み、分極化を統合するためにメインストリームなナショナリズムというものが上からおりてくるという、わかりやすい事態が起こっているのではないかと思い、それに対抗する意味で「混成型社会」ということを申し上げたわけです。病をもった人、メンタルな部分も含めて弱者、貧困者、さまざまなハンディキャップを持った人々が、そうでない人々と共に交じり合いながら生きていくことが本来、望ましい社会の状況です。そのことを「混成型社会」の中で展開したいと思いました。

司会　ありがとうございます。国家安全保障基本法という言葉が出てきました。もう少しご説明いただけるとありがたいのですが。

姜　特定秘密保護法案・国家安全保障局設置法案・国家安全保障基本法案は三位一体だと思います。特定秘密保護法案は言論の自由、表現の自由についてきわめて問題が多いのではないかといわれてきたわけですが、現在の政権は国家安全保障局設置法案をまず上程し、通過させました。これは、非常事態の時、主権国家としての軍事力発動を極めて限られたメンバーだけで決定することを可能とする機関です。内閣、とりわけ総理大臣官邸に権限が集中する仕組みになっているのです。NSC（National Security Council 国家安全保障会議）は朝鮮戦争の後、最初にアメリカで作られました。韓国にもそれにならった韓国版NSCがあります。本来、NSCは議員内閣制の国よりも大統領制をもっている国に馴染みがある制度ではないかと思います。多分、議員内閣制をとっているイギリスと、大統領を持っておりますが事実上の議員内閣制であるドイツにおいては、NSCという機関はないと思います。日本の場合はアメリカ合衆国にならっていますが、議員内閣制ですから、この制度が通過してしまった以上、首長である首相が大統領型の決定権を持つという方向に向かっていくと思います。今、彼らが目指していることは、官邸中心にごく少人数で日本の国家の安否にかかわることを決められるようにすることです。

特定秘密保護法案についてもお話します。外交や安全保障やテロに関わり、何らかの機密

性を帯びる情報があるということは、どの国にもあることです。しかしそれを調査して第三者機関がその可否について何らかの判断を下すシステムをまったく欠いている点では、アメリカとも韓国とも違う。この法案の最大の欠点は、第三者機関が持つべき機能が内閣総理大臣にあることです。当事者をもって第三者と見なすことは詭弁も甚だしい。これはあり得ないことです。また60年たってそれを開示するかについても、外交上必要な場合は開示しないで済む。これもアメリカの公文書公開制度とまったく違います。韓国ですらも一定の年限が過ぎれば公開が原則として義務づけられています。この法案が通ってしまった以上、何らかの密約、秘密裏での外交交渉で決められたことは半永久的に我々には知ることができないことになります。これは国家の施設としての原子力発電所についても当てはまることだと思います。もし、特定秘密保護法案が生きていた時代に3月11日が起きたとすればどうだったかということを仮定的に想像してみれば、よくわかると思います。

あの時私たちには、一切何も知らされていなかった可能性があります。時の民主党政権ですら、SPEEDI（緊急時迅速放射能影響予測ネットワークシステム）についてほとんど情報開示しませんでした。相馬市、南相馬、飯館村を含めて多くの方々が集中的に被曝したのではないかと疑われます。明日、上山さんに質問しなければなりませんが、その可能性は十分あります。しかも炉芯溶融、メルトダウンが起きていたにもかかわらず、なかなか認めなかった。初発の段階で、政府は本来、なさなければならない情報開示をしていなかった。特定秘密保護法案がその時に生きていたとすると、それすらも、ほとんどなかったのではないか、そういう懸念があります。今後、重大事故や福島第一原発の事態が、より深刻になっても、我々には情報を知る手段がないことになってしまいます。また現にこれではメディア、新聞、テレビ等々が萎縮してしまう。官僚の情報開示があり得なくなってしまう。法律違反をすれば最悪の場合10年の刑期ですから、厳しい罰則です。現にメディアの世界では萎縮効果が表れてきています。こういうことが日本の安全保障、防衛、軍備出動についても言えるのではないでしょうか。

今後、防空識別圏や尖閣諸島をめぐって中国と何らかの衝突が起きた場合、それが本当に中国側の違反によって起きたのか、それとも日本側が違反を偽造したのかもわかりません。もちろん中国の今の膨張主義、覇権主義については反対です。今回の防空識別圏についても、日本への制裁的な色彩が強い。しかし我々は日中の対立についてナショナリズムに煽られるのではなく、より冷静に眺め、それを私たちの等身大の立場から日中の一般の人々が、この問題とどう向き合うべきかを考えなくてはなりません。残念ながらメディアが一挙に沸騰すれば、それこそ戦前と同じような事態が起きないとも限りません。実際に中国側がスクランブルをかけ、日本側がそれに応じ、現場が一触即発の状態になった場合、メディアが沸騰することは火をみるより明らかです。こういう中で我々は、真実は何であるかについて考えようとしても、戦前と同じような状況に追い込まれてしまう。新聞関係者、テレビを含めてメディア関係者も、サラリーマンです。彼らはどのくらいのところで危うい橋を渡るのか、戦々恐々としているのではないかと言われます。秘密保護法案の最大の問題は何が秘密かわからないがゆえに、自分がたとえ検挙されたとしても何によって検挙されたか、それ自体がわからないということです。裁判においてもそれが明らかにされない可能性がある。こういう法律が民主国家の中で通るということは、あり得ないことだと思います。

１９８７年、韓国は軍政から民政に移管しました。１９８７年からは少なくともいちおう、タテマエとしては民主主義が通るようになりました。今の日本ではあたかも１９８７年以前の韓国であるかのような法案が、次から次へ日の目を見ているという異様な事態が起きています。国家安全保障基本法の眼目は集団的自衛権を認めるということです。集団的自衛権についてはこれまで防衛懇談会でさまざまな話がされてきました。ただしこれまでの防衛問題懇談会では、日米の安保条約の中で集団的自衛権を認める場合の４類型、５類型をつくり、そこで認めようとするものでした。つまり、これまでは日米安保とセットとなっていたわけですが、この基本法を見ると、必ずしもアメリカだけではありません。アメリカ以外の友好国との間でも集団的自衛権の適用があり得る。すでに武器輸出三原則は空文化の方向へと向かおうとしています。現に、イギリス、フランスと提携した武器輸出、武器開発を今、進めようとしていますし、さらに重要なことは有事の場合の市民及び地方公共団体の義務を定めていることです。有事の場合、医者、看護師、ケースワーカー、土木建築の人々が動員される可能性がある。地方公共団体は国家の至上命令権のもとに従わないといけない。こういう事態もあり得るわけです。

こういうふうに、この三つの法案はセットになっている。この基本法案が上程され通過した段階で日本国憲法第９条と前文はほとんど意味をなさなくなる。日本国憲法の大きな柱の一つである平和主義は、前文と第９条第２項にあると思います。一切の戦力の放棄が最大の眼目でありましたが、現政権は事実上、戦後の55年体制下の自民党政権において進められてきた内閣法制局の考え方すらも反故にしようとしているわけです。内閣法制局からも反対が出ているのも当然でしょう。内閣法制局長官の首をすげ替え、集団的自衛権に肯定的な雰囲気と防衛問題懇談会の考え方をそのまま適用するのです。

これは、一言でいうと「戦争ができる国」になるということです。「戦争ができる国」になることと「歴史の見直し」はセットになっていると思います。ドイツがコソボ紛争でＮＡＴＯ軍に参加してドイツが初めて派兵した時、さまざまな議論がございました。しかし少なくともドイツは内閣のトップや政治家の中で歴史修正主義者が大きな顔をしていられる状況ではなかったはずです。歴史の清算の上で初めてＮＡＴＯ軍の一員として海外へ赴き、現在アフガニスタンにもドイツ軍は派兵しています。しかし日本の場合は、歴史の修正主義的な見直しと戦争ができる国づくりとがセットになって今の状態が進んでいるということです。

これは、靖国神社の問題にも深く関わっています。中国による首相の靖国参拝批判はご存じの通りです。いうまでもなく中国は独裁国家です。中国は内部で少数民族に対するさまざまな弾圧をしていることもご承知の通りです。それにもかかわらず、過去の歴史的な問題に関して中国側が述べていることについては一理あると思います。少なくともＡ級戦犯を祀るような靖国神社に一国の総理大臣が参拝することはあり得ないことです。東京招魂社からはじまり、現在の遊就館を見れば、靖国神社は追悼の施設ではないことは明らかです。靖国神社は、顕彰の施設になっているわけです。人々が自分の戦死した祖先を祀ることは固有の権利であり、これについて国家が口を挟むことはあり得ないことだと思います。しかし靖国神社は官幣大社として顕彰施設であることを、外国はよく理解している。こういうものがまかり通ることは今後、戦争をする国になれば戦死者をどこで祀るかが当然、大きな問題として出てくるわけで、靖国神社がその有力候補になることは明々白々として予想できることではないか。これはクリスチャンとしては到底、認められることではないと思います。

今の政権は単に靖国神社参拝に止まらず、未来型として靖国神社を生かそうとしている、そのようにしか考えられませんし、そういう点においても、今の時代を我々がもう少し深刻に受け止めるべきではないかと思います。このままうまくいくかどうかはわかりません。アメリカですらも、今回の事態について失望を明らかにしました。歴史修正主義は東京裁判史観を覆そうという、いうまでもなくポツダム宣言に対する重大な挑戦でもあります。サンフランシスコ講和条約を日本が承認したのも、日本が国際社会に復帰したのも、東京裁判における極東国際軍事法廷の判決をすべて受け入れるという前提の上でした。しかし彼らが望んでいることは東京裁判それ自体を否定することですから、このままいけば今後アメリカの合意も得られなくなるのではないかという危惧も持っています。私たちは中国に対する脅威感や嫌悪感、日韓の間のさまざまな問題がより大きくなり、周辺諸国に対する敵対的な感情があることもよく知っています。韓国や中国の中にも狭隘なナショナリズムが台頭しています。こういう中で事態をどうやって、そうでない方向に向かわせるのか。やはり日本が変わらなければいけない。このまま事態が進んでいけば、もっと問題が深刻になり、軍事的な衝突もありうると私自身は予想しているわけです。そしてまた、この問題と原発の問題とはどこかで通底しているわけで、そういう趣旨で話をさせていただきました。

司会：土井健司（関西セミナーハウス活動センター運営委員、関西学院大学神学部長）

はなしあい1

混成型共生社会の可能性を巡って

司会者　ご提出いただいた質問用紙から、皆さんがいろいろな感想やたくさんの質問をお持ちであることがわかりました。40枚以上の質問用紙が寄せられました。主な質問をピックアップしてホワイトボードに書き出しています。本質的だと考える点から始めます。

「ご講演の中で、今、日本が政府を中心にある特定の方向に向かいつつあるというお話をお聞きし、その方向についてたいへん危惧する思いを持ちました。それを推進する立場からすると、それはよいもの、美しいものであるから、その方向に向かっていこうと主張すると思います。ではなぜその方向なのか。何を善だと考えているのか。それについて先生が思うところをお話いただければと思います。」

姜　とても重要なご指摘がありました。単刀直入にお答えする前に、前提の確認が必要です。私は1950年に生まれました。韓国では「6・25動乱」（ユギオ）、日本では朝鮮動乱、朝鮮戦争と呼ばれる50年〜53年の戦争が始まった年です。この戦争では――いろんな計算の仕方がありますが――シカゴ大学のブルース・カミングスによれば、わずか3年も満たない間に地上戦で、中国、北朝鮮、韓国を含めておそらく200万以上の人が亡くなった。当時の朝鮮半島の人口からすると膨大な人たちです。米兵の戦死者は5万数千人だったと思います。ところがこの戦争は、アメリカでは「忘れられた戦争（フォゴットン・ウォー）」と言われています。そもそも映像記録が少ない。

ベトナム戦争については、テレビの出現によって、またアメリカ国内のさまざまな反戦運動や60年代のさまざまなムーブメントによって、広く多くの人たちに知られるようになったのですが。

日本の戦争経験としては、広島、長崎でものすごい数の人命が一挙に消滅するということがあったわけですが、その他にも東京大空襲をはじめとする無差別爆撃を受けました。しかし、少なくとも本土に限っていうと地上戦の経験がない。それを一身に担わされたのは沖縄戦でした。沖縄に行くと洞窟（ガマ）があって、そこで至近距離で近親者が亡くなり、場合によっては自決のために親子が殺し合うということもあった。日本国民の戦争体験は、沖縄を除くと基本的には特殊な体験だと思います。第二次世界大戦でそれに比較的近いのはイギリスです。第二次世界大戦の当事国のほとんどすべてが地上戦の戦場となりました。しかしイギリスでは、ロンドンが空襲されることはありましたが、幸運なことに地上戦はありませんでした。ベルリンはほとんど壊滅したわけです。もちろん中国は地上戦の舞台になったわけで数千万人が亡くなりました。旧ソビエトでもドイツでも膨大な人が亡くなりました。ドレスデン爆撃は東京大空襲に近いものがありましたし、何よりもドイツは地上戦を闘った。ほとんど壊滅状態です。日本の場合は本土決戦になりませんでしたから、１９５６年に、経済白書が「もはや戦後ではない」と言ったとおり、日本はその時点で戦前の生産力を越えたわけですね。ドイツと比べて急速な回復があった。しかもドイツは分断され、いくつかの連合国によって分割統治されるヤルタ体制があった。ドイツのスローガンは「ヤルタの分断を超える」ということであった。それがヴィリー・ブラントの統合政策になりました。ヨーロッパの分断はドイツの分断なんだ、ドイツの分断を超えることがヨーロッパの分断を超え、ヤルタ体制を超えることになると考えられた。ところが日本の場合は地上戦の経験から隔離されていましたから、それをすべて引き受けさせられたのが沖縄なんです。朝鮮半島の体験は沖縄の体験に近い。その何百倍のものが朝鮮半島で展開される。戦争体験において日本の本土史観にたつ人々と沖縄の人々のそれとは異なる。沖縄は朝鮮半島の経験に近似している。沖縄の人々は朝鮮戦争の意味がすぐわかるんですね。これは非常に重要なことです。

今の歴史修正主義者が言っているように、日本は苛酷なことを強いられたのではなく、ドイツと比べてもはるかに温情的な占領政策を敷かれたということです。これによって北海道の一部がスターリンのもとにソビエト領になることもなかった。沖縄は、昭和天皇の「沖縄を米軍に数百年租借してもいい」という発言にもあるとおり、戦後、米軍の基地として差し出されたわけです。そう考えると日本は本土史観に立てば、かなり幸運な敗戦を迎えた。これをまず理解しておかなければいけないと思います。ドイツの場合はプロイセン・ドイツの領土がほとんどなくなるくらいにされ、フランスとの係争の地も事実上フランスに割譲される。領土分割という点では、ドイツはたいへんな苦汁をなめさせられた。この点を考えると竹島（独島）問題や尖閣列島、北方四島問題が議論されていますけど、ドイツと比べれば雲泥の差であることは間違いありません。玉突き状態でポーランドにドイツ領の多くを割譲し、宿敵だったフランスとの間にも領土を割譲していく。ドイツは割譲による領土を、もう一度取り戻す考えをすべて放棄したわけです。そこが日本とドイツの根本的な違いです。分断の苦しみは、ほかならぬ植民地の朝鮮半島に表れたということです。もし日本の敗戦がもっと早かったら、あるいはもっと遅かったら、もしかしたら朝鮮半島は分断されなかった可能性も十分あり得るわけです。もちろん、領土問題で過剰に反応する韓国のナショナリズムには大きな問題があります。日本の国民世論をいたずらに刺激するような「愛国無罪」のナショナリズムには取扱注意の赤札を貼っておくべきです。

　そういう形で日本は敗戦を迎えた。その時すでに冷戦が始まっていましたので、日本にはアメリカ一国による占領政策が敷かれた。アメリカの中でも民生局と軍政局との間に対立がありましたが、すでに冷戦状態に入っていたので、やがて48年からいわゆる逆コースが始まりました。同時に朝鮮半島においても逆コースが始まっていました。いやすでに朝鮮半島では初期の段階から逆コースは始まっていた。A級戦犯の疑いのあった安倍さんのおじいさんが復活する。この岸信介という人物は現在の韓国の朴槿恵大統領のお父さんである朴正熙大統領と刎頸の友である。満州国の影の総理といわれた岸信介と奉天の軍艦学校を出た一兵士の朴正熙とが出会うことはありませんでしたが、しかし後に、二人は刎頸の友となって日韓の間の関係を修復していくわけです。

日本が今進めている動きをみる時、山室信一さん（京都大学）が書いた満州国を扱った『キメラ――満州国の肖像』という本が参考になります。これはいい本です。私もこの本から触発され、朴大統領と岸信介について本を書いたことがあります。それが韓国の国会で問題になって、ずいぶん物議をかもしました。なぜかというと、この本で二人を「歴史の鬼胎」と言ったわけです。満州国の亡霊であるべき岸信介と朴正熙が一方は韓国近代化のリーダーになり、他方は池田内閣に先行して日本の戦後復興のリードをやり、安保改定の立役者になる。55年体制の影の実力者として民主党と自由党の合併に辣腕を振るうことになったことを書いた。なおかつ孫が将来日本の総理になるのではないか、娘が韓国の大統領になるのではないかということを3、4年前に書きました。そういう点では先見の明があったわけです。その時にこれは歴史の鬼胎である、と言った。民主国家ではあり得ないことが岸信介と朴正熙という二人の人物によって、韓国と日本で起きた。日韓は満州国を通じてある種の一卵性双生児である。一方は開発独裁。他方は開発独裁ではないが、官僚独裁による近代化、高度成長、ある種の官憲国家的なやり方を進める。私は今の安倍政権が進めていることに抗う力が、かくも脆弱だというところから、戦後民主主義は本当にあったのだろうか、それは幻想だったかもしれない、と思っている。戦後の日本の、平和憲法と日米安保がセットになった平和主義と高度成長は、冷戦の中で初めてかなえられた、ある限定された時期の、さまざまな内外の力の幸運な副産物ではないかと。

この日韓の母体である満州国は、同時に北朝鮮の母体でもありました。金日成が抗日パルチザンを満州において闘ったことが、彼らの建国神話になっている。金正一という息子は、満州ではなく旧ソビエト領内で生まれました。北朝鮮はウソによって成り立った国家です。北朝鮮の神話は間違いなく虚偽ですね。そこから3代まで続いているわけです。安倍さんも金正恩も3代目、朴槿恵は2代目です。おそらく習近平は2代目か3代目ではないでしょうか。つまり日韓中朝、全部世襲に近い状態で今の政権が成り立っている。なおかつ東北地方における中国共産党のある種の神話的な歴史が中国建国の歴史になっているわけで、そう考えると、満州国は日本と韓国と中国と北朝鮮の発祥の地といっても過言ではないと思います。

そういう中で岸さんがやったことは、満州国でやった傾斜生産方式による重化学工業化です。岸は戦後、保守合同の中から池田勇人に先んじてこれをやろうとしたわけで、それが池田内閣によって爆発的に成功をおさめた。満州国型の重化学工業化を朴さんが開発独裁の形で、1961年以降、韓国で適応する。見事に当たりました。韓国は「漢江の奇跡」をなし遂げたわけです。高度成長の源流が満州国にあった、しかもそれが民主化の形で日本では戦後民主主義の中でなし遂げられ、韓国では独裁という形でなし遂げられたにしても、経済の成長のあり方、国のあり方、社会のあり方は、かなり似通っていたのではないか。一時期、朴さんがやったことが中国ではかなり注目されるようになりました。鄧小平は韓国の開発独裁に学んだと思うし、現在のポスコを作った朴大統領の重要なブレーンを中国に呼ぼうとすらしました。日中韓、北朝鮮も含めて民主化の度合いや独裁の度合いにさまざまな違いがあるにしても、そこには何らかの形で国家主導型の産業化がある。ある人は「発展主義的な経済成長」と言います。まさしくこういうものが見事に日本を経済大国に押し上げた。現在の韓国も少なくとも輸出入においては1兆ドルを超えましたから、日本の約1・5分の1くらいですが、そういう状況が韓国にも出現し、中国は今、4兆ドルの輸出入の規模を誇り、アメリカを凌駕できるようになったわけです。

日中韓と北朝鮮は本当に根本的に違うんだろうか。もちろん違います。日本の民主主義の成熟度と北朝鮮を一緒にすることはできない。しかしいちおう、日本と韓国は民主化をなし遂げた。日本は戦後、敗戦と占領による押しつけという形にしろ、民主化を血肉化しようとしましたし、韓国は民主化を達成するために約25年くらいかかりました。血で贖って87年の民主化宣言ができたわけです。東アジアを見渡して欧米圏から民主主義といわれる国はいちおう、日本と韓国と台湾くらいでしょう。しかし台湾も史上最長の戒厳令が敷かれた国です。しかし蔣介石から蔣経国になり、そして次が李登輝になって変わりました。でも台湾とも違って、現在の日本と韓国で、そして中国では太子党という形で、パワーエリートが世襲的に政権を握っている。北朝鮮は言うまでもないことです。

こういう中で日本は、間違いなく冷戦という対立構造の中で最大の受益者でした。冷戦があることは南北分断が固定化されるということです。時の中曽根内閣の時に、園田外務大臣に対して時の新軍部体制であった全斗煥も「安保協力金40億ドル」という話を出してきた。韓国は日本を北朝鮮や中国の脅威から守っている。日本はこれまで安保に関するただ乗りをやっていた。その犠牲を一挙に韓国は引き受けていたので、日本は40億ドルの安保協力金を韓国に出すべきだ、と主張しました。これをめぐって日韓の対立が深まりました。園田外務大臣は熊本出身ですが、協力を請う側が強盗のように40億ドル要求するとは何ごとだと烈火の如く怒りました。しかし結局、中曽根政権によって事実上の安保協力金が韓国に渡されたと思います。これは何を意味しているのか。冷戦下、南北分断の前線基地の銃後にある日本は、安保によって軽武装国家で経済成長に驀進できた。それに対して韓国は最前線基地に立たされ、中国と北朝鮮の脅威に向かうべく国防費の膨大な出費を強要され、徴兵制を敷かれ、日本と比べるとはるかに大きいコストをそのために強いられてきたという牽強付会のこじつけのような理屈だったわけです。自民党政権はその理屈を部分的に肯定しました。だからこそ韓国に対して日本は経済的な支援をしなければいけないということになったのです。

私は今、何を言おうとしているかというと、日本一国史観を超えて東アジアの中での冷戦体制に目を凝らしていく時、南北を分断されて38度線で張りついている韓国と、日本の基地の70パーセントを強いられている沖縄とは、日本の戦後平和主義と経済成長の枠組みの中で外部に位置づけられてきたことがわかるわけです。沖縄の外部にまた韓国がある。日本のこの戦後平和主義と経済成長は、まさしくそのような本土史観の4島（北海道・本州・四国・九州）の繁栄の中で守られていたとも考えられます。ある歴史家はベトナム戦争が終わる1975年に、これを「アジア30年戦争」といっています。ヨーロッパの30年戦争になぞらえて。沖縄から朝鮮半島、ベトナム、東南アジアに至るまで中国も含めて硝煙の絶えなかった時代が75年まで続いた。しかし日本は75年にはサミットに登場できるほどに経済大国になりました。オリンピック、万博、サミットと、ホップ・ステップ・ジャンプで。そして経済大国になった。でも周りの国ではまさしく内戦、独裁、クーデター、暴力的な制圧や圧力が煮えたぎっていた時代です。日本が特殊だった。特殊な日本を特殊と思わない、それが日本の戦後の70年代まで続いた状況でした。80年代に入り、ある種、冷戦が壊れていくのかなと思いきや、レーガン政権と旧ソビエトの対立が続き、新・冷戦が続きました。私が申しあげたいことは冷戦の状況下において日本は軽武装で、そして可能な限り軍事費を減らして自衛隊という、ある意味では限られた職業軍人集団に安保の問題を任せることができた。それは日本にとって好都合な、平和的で、かつ経済成長にとって望ましい状況だったと思います。しかしそれは昭和が終わって崩れるようになりました。ベルリンの壁が崩壊したのと昭和が終わったのはまさしく同じ年でした。ドイツは再統合に向かいます。冷戦が終わったとヨーロッパから知らしめられましたが、東アジアでは依然として冷戦が続いておりました。こういう中で、中国の天安門事件が起き、やがてソビエトは崩壊し、鄧小平による「黒猫も白猫もネズミをとる猫はいい猫だ」というある種の修正主義的なプラグマティズムによって中国は社会主義的市場経済へと向かっていくわけです。韓国も87年に民主化が達成され、97年まで高度成長へと向かっていきます。

明らかに冷戦は変わっていきました。そういう中で日本のポジションは相対的に低下していくわけです。そしてイラク戦争、湾岸戦争、今回のアフガン戦争、リーマン・ショックを通じて、さすがのアメリカのポジションも大きく後退するようになりました。それに代わって中国が台頭し、韓国も日本と経済力において競合できるようになってきた。日本は20年間、慢性的なデフレ経済の中に突っ込み、そしてずっと停滞した状況が続いていた。その中でこういう状況をリセットしたいと言って、今回の安倍政権が出てきたと思います。これは間違いなくアジア冷戦が本格的に終わろうとしている時代を反映していると思います。しかし一方では北朝鮮は核開発に向かい、自滅的なことをやりかねない状況にありますし、今回ナンバー2の張成沢氏が粛清されたということも北朝鮮が不安定な状況にあることの現れかもしれません。

西暦2000年に南北サミットが行われました。少なくとも厳しい冷戦の時代よりも、もう少し平和的なデタントの状態、緊張緩和へと2000年からアジアは向かっていったと思います。現在、中国と韓国との関係はこれまで考えられなかったほどの蜜月状態になっているわけです。韓国の生きる道は、親米・和中という、アメリカと親しくし、中国と和する、これしかないというわけです。経済的には中国、安保においてはアメリカ。中国の巨大な台頭に日本はどう立ち向かうのか、日米安保の役割も含めて大きな地政学的なシフトが起きようとしています。キッシンジャーが中国について「かつての普仏戦争を闘ったドイツの台頭と比べてみるとよくわかるじゃないか」と言っています。なるほどドイツはフランスを駆逐してビクマルク外交を展開しました。しかしビスマルク外交はヨーロッパの秩序を根本的に覆すものではありませんでした。ビスマルクが退陣した後に、ドイツはイギリスに対抗して膨張政策へと向かい、やがてそれが第一次世界大戦になりました。またミュンヘン会談でイギリスは融和的な政策をとりましたが、ヒトラーがヨーロッパ全体の秩序を覆す、そうしてやがて第二次世界大戦が始まりました。中国の台頭はそれと同じことなのか。私は中国は今の国際秩序を根本的に覆そうとしているわけではないと思います。中国が軍事的にも経済的にもアメリカに対抗できるような力をもっているとは到底、考えられません。これまでの冷戦下でアメリカ軍が中国の沿岸部にまで自由に航行できるような状況を作り出してきましたが、そういう秩序を少しずつ変えようとしていることは間違いない。

ただ問題は、中国がそれ以上に、現状変更を求めて日本に攻勢をかけようとしているかもしれないということで、その可能性もないとは言えないと思います。中国人民解放軍は中国共産党の軍隊ですから、どのくらい政府がコントロールできているのかわかりません。ただ歴史的にみると、かつて第一次、第二次世界大戦を闘ったドイツが、ヨーロッパの秩序を大きく変更しようとしたのと同じように中国が考えているのかどうか、まだわかりません。アメリカは中国に対してその対応をまだ決めかねていると思います。アンビバレントだと思います。中国はステークホルダー、すなわち一緒に戦略的な互恵関係を作れる相手であると思われる、しかし軍事的には脅威ではないのかという疑念にさらされていると思います。現在のオバマ政権は中国に対して、まだ一義的な対応をしているようには見えません。米中がより接近することは、日本の地政学的な位置が、相対的に低下することを意味する。

こういう日中関係、日米関係、中米関係の複雑な関係の中で中韓関係と日韓関係も揺れ動いている。韓国は日本ともっと親密な関係を作りたい、場合によっては軍事的な協定にまで進みたい。しかし一方において日本との間に独島、竹島問題がある。こんなちっぽけな岩礁になぜ韓国の人はあんなにこだわるのか。歴史的にみて竹島が日本の領土なのか、独島が韓国の領土なのか、私にはよくわかりません。ただ問題は、これを歴史問題だというふうに韓国側は見ているということです。１９０５年の乙未(ウルサ)保護条約で、日韓協定によってあの島が島根県に編入された。１９１０年と１９０５年は連動している。この島が奪われることは、日本が再び韓国に入ってくることを意味するのではないか、そういう危惧を韓国側は持っている。このちっぽけな島を日本が譲歩することは、日本が完全に変わったということの証拠ではないかと彼らは考えている。しかし日本側は純粋に領土問題である、歴史問題から切り離されて議論されるべきものであると、考えている。そこではまったくすれ違っています。

歴史の因果関係は別にして、加害と被害の関係があったことは否めないと思います。問題はそういう歴史的な因果関係がある中で、中国が大きく台頭し、韓国もまた南北分断を超えて歴史の軛から少しずつ脱却しつつあるということです。したがって、もし南北の共存から南北統一が将来出てきた場合に、日本を取り巻く環境は大きく変わっていくわけです。そのことを日本にとって利益であり、日本の平和と繁栄にとっていい方向だと思うのか、それともこれを日本にとって脅威であると理解するかによって、かなり違ってくると思います。問題はそういう大きな変化が今起きている中で、安倍政権がこのポスト冷戦に向けた東アジアの状況にどう対処すべきかということです。日本は、軍事力の増長と日米安保の進化により、中国を包囲する方向に韓国を引きつけたい。アメリカからしても日米韓のトライアングルがあった方がいい。しかし日本側が歴史修正主義的な動きをとれば、中国や韓国を刺激し、これらの国がアメリカのコントロールを外れていくのではないかと危惧される。日中、日韓が衝突することは少なくとも現時点においてはアメリカの国益に反すると思います。なぜこういう事態が出てきたのかということで、いちおうは説明できるのではないかと考えています。

司会者　たいへん丁寧にわかりやすく説明いただきました。では質問のいくつかにお答えをいただきたいと思います。まずは今回のご講演と深くかかわる「混成型共生社会」について。「ナショナリズム」について。「純化型格差社会の進行」について。この3点についてお答えいただければありがたいと思います。

姜　まずナショナリズムについて。愛国心は、国家安全保障基本法の中にも謳われていますし、自民党の憲法草案の中でも重要なテーマです。そこから話をしていきたいのですが、私は熊本で生まれ、熊本で育ち、日本語を母語にしていますから日本は育ての親、韓国は産みの親です。育ての親と産みの親が喧嘩すると悲しいのは子どもです。どうしていいかわからない。私は熊本で生まれましたので世界中で一番いい場所は熊本だと思っています。そういう点では熊本パトリオットなわけですね。愛国という言葉はパトリオティズムになると思いますが、ナショナリズムと愛国心は違いますね。本来、パトリオット、パトリオティズムのパトリは愛郷心を指しています。郷土愛。郷土愛となると愛国とは違う。今回、教科書でもそうなっていくと思いますが、自分の地域を愛する心があれば、自然に国を愛する心へとつながっていくという。安倍総理はそう言っているわけです。これは明らかに誤りです。愛郷心と愛国心は連続しているわけではありません。愛郷心が強いがゆえに国に反することもある。丸山眞男さんの『忠誠と反逆』ではありませんが、自分の属している共同体に忠誠があるがゆえに、その共同体に対して場合によっては抵抗する、反逆することがある。

「反日」という言葉が最近のキーワードになりました。反日という言葉が日本でメディアを賑わすようになったのは、朝日新聞の阪神支局が襲われた事件以来です。それ以来反日という言葉が、人口に膾炙されるようになりました。今のメディアにおいては、政府を批判すること、安倍政権を批判することとイコール反日であり、それは排除すべきものという言説がネット上でも跋扈するようになりました。政府や狭い意味での国というものを批判することが、なぜ反日になるのでしょうか。ましてや郷土を愛するがゆえに国のさまざまな政策や対応に反逆することがあることは、歴史が我々に示していることです。水俣病もしかりですし、場合によっては反基地闘争もしかり、反原発の闘いもある意味においては国のエネルギー政策に対してノーという。これをもって反日、それは反国家的であるということがある時期から事実上、何のわだかまりもなく言われるようになり、現在に至っているわけです。本来であれば自分の生まれ育った郷土を愛するがゆえに国に対して立ち向かうこともあり得るわけです。地方分権主義の立場に立って、足尾銅山に対して、天皇に直訴しようとした人たちがあれだけいましたし、戦前においてもたくさんの人々が国の政策に抗おうとした歴史があります。地域主義はそういうものを持っているはずです。私は他人以上に自分自身の郷土を愛していますし、その限りにおいては熊本愛国主義と言ってもいいわけです。しかしそれは安倍さんがいう愛国心とは連続しない。パトリオティズムは本来、ナショナリズムとはイコールではありません。パトリオティズムは場合によってはナショナリズムと対抗する場合がある。今言われている愛国心は、私の目には「国民なき国家主義」に見えます。国民が「棄民」され、社会的な弱者に対する国からの手当もなくなっていく中で、地域も疲弊していく中で、それでも「国を愛せよ」といっている。よくよく考えてみますと、今の、とりわけ保守政権自民党は、その6割以上が二世議員です。彼らはおぎゃあと生まれてきた時から東京で銀のスプーンをくわえて育てられ、いい大学を出ています。その点を考えると、彼らが自分の地盤の地域を愛しているとは到底、思えません。まずここで国家主義と愛郷心とは違うことを言いたいわけです。

グローバル化というものは、国を超えていろんなものを平板化する力として働いています。

しかしグローバル化された時代にナショナリズムが台頭しているわけですね。グローバル化とナショナリズムは一体となって進んでいると思います。グローバル化が進めば進むほど、ナショナリズムが強くなる。そのナショナリズムは愛郷主義とは違うということ、これをまず申し上げておきたいわけです。

「混成型社会」というのは、自分たちの生まれ育った郷土の中で、そこに住む外国人も、人種、民族を問わず、人々が地域社会の主人公となって地域社会を支えていく社会、それが本来考えた共生社会のイメージです。そこでは国籍ではなく、その人々が地域に住んでいることが重要なファクターになっている。残念なことですが、日本では、外国人は地方参政権すらままならない状況です。韓国ではすでに数年前から外国人の地方参政権が法制化されています。フィリピン出身の女性も市議会議員になっています。そういう現状が韓国ではあることも知っていただきたい。日本ほどの成熟した市民社会がある国で、どうしてそういうことができないのか。地方参政権が必要ならば外国人も国籍を変えて帰化すべきだというのが、とおりいっぺんの議論になっていくのです。

司会者　このプログラムは、「はなしあい」と言い、通常生の声を聞いてそれに対して応答していただくという形をとります。今日は人数が多いので質問を書いていただきましたが、ここからは、はなしあいの形を取りたいと思います。先ほどの話を聞いて、こういうことを聞いてみたいということがあれば、出してください。質問書に、心の中の平和についてどうお考えでしょうかと、書かれた方がありました。心の中の平和について質問いただいた方、少し補っていただけますか？

参加者a　お話を聞いていて私の心に思い浮かんだ言葉があります。ユネスコ憲章の中に「戦争は人の心の中に生まれるものであるから、人の心の中に平和の砦を築かなければならない」と記されています。それを先生はどういうふうにお考えでしょうか？

姜　1月17日に集英社新書から『心の力』という本を出します。それを読んでください。私は心というのは、時代を写し出していると思います。時代は心を通じて表れると思います。心というものは時代と無縁にあるのではなく、時代とともに心も変わっていく。その中でなぜ我々は心の平安をなかなか得られないのか、それは不安だからだと思います。どこに不安があるか。第一次世界大戦後、ヒトラーが出てきた時には、皆の心が鷲掴みされるように吸い取られていった。今の日本国民は私の目からみると韓国と比べた場合、まだはるかにいい条件にあります。北朝鮮の脅威もない。核戦争の脅威を38度線の北側から受けているわけではない。徴兵制もない。韓国の若者は徴兵制を義務として課されています。韓国には日本のようなセーフティーネットがまだない。生活の保障も日本と比べれば脆弱な面がある。強い格差社会がある。にもかかわらず、なぜ日本の社会の中にこんなに不安が蔓延しているんだろうというのが、韓国から来た若者たちが異口同音にいう言葉です。まだ韓国の若者の方が、正直いうと、元気がある。それはどうしてなんだろう。そのことはまだ自分にはわかりません。日本にいながら。最大の問題は日本の一般の人々の中に不安がますます広がり、深まっているということですね。今の時代は、１９３０年代か、第一次世界大戦後の状況にやや似ているのではないか。

ではどうやったら心の平穏を取り戻すことができるか。イエス・キリストに、と言いたいんですが、そうでない言い方を使うならば、心の中にもう一つのダボスを持とうと言いたい。ダボスはスイスにある保養地です。ダボス会議で有名です。そこでは世界経済フォーラムが毎年1月に開かれます。グローバル化のメッカのような所です。そこで賢人会議が開かれる。ダボスは第一次世界大戦の前はサトナリウムのあった保養所でした。結核にかかれば死ぬという時代に。それを小説化したのがトーマス・マンです。『魔の山』はダボスが舞台です。最後は第一次世界大戦で終わります。夏目漱石の『こころ』も今年で１００年になります。この二つの小説の続編を書きました。興味がある方は読んでいただければと思います。その中で、私たちはいかに心を太くするか、心の繊維を太くするか、それはどうしたらできるのかを書きました。

その中で書いたことは「真ん中を生きる」ということです。『魔の山』の主人公はハンス・カストルプという、何の取り柄もない凡庸な青年です。しかし7年間サナトリウムにいる中でたくさんのイニシエーションを経ます。人生が謎であることをいろんな人々の意見を聞きながら学んでいく。マンはこの中で「放蕩息子」という言葉を使っています。この人物は凡庸なんですけども、いろんな人から話を聞く。この会もいろんな人々が話をしていい。しかしそれに染まるわけではない。まさしくそういう青年なんです。人生は謎だということを先達から教わりながらも、決して洗脳されない。それをマンは「真ん中を生きる凡庸さ」と表現しています。私は今の若者は、自分はつまらない存在だ、何の能力もない人間だと思っているように見えます。私も17歳の時、そう思いました。自分なんて、いてもいなくてもいいんじゃないかと。何の能力もない、力もない。取り立てて何か人を引きつけるものもない。そういう若者がいっぱいいる。今の日本の社会にも、韓国にも。自尊心を傷つけられて、死を選ぶ人もいる。そういう時代の中で、マンは「いや、そうではない、凡庸さの中に偉大さがある」と言う。イニシエーションを受けて、しかし決して染まらない。我が道をいくということですね。

時代は煮詰まっていると思います。第一次世界大戦の前か後に似ている。こういう中で皆が不安を抱えて、自分は何のために生きるのか、生きることに意味があるのか、と悩んでいる。マンはその中で有名な言葉を吐いています。「なぜ生きるのかということに答えない時代は、誠実に生きようとする若者たちに最大の傷を残してしまう」。何のために生きるのかわからない時代に人は生きろといわれても、その目標を見つけ出すことはできない。考えてみますと、本来それを考えるべきところは大学でした。私も東大に17年間いてわかったことは、大学はお金づけになっているということです。大学は法人化され、ひたすら効率性を求め、すぐに役に立つ人間だけをつくりだす製造工場になってしまいました。ダボスという場所は下界から離れて違う時間を生きている空間だったんですね。まさしくここがそうだと思います。一泊二日のここで小さなダボスが始まっています。我々が役に立つか立たないかは置いておいて、ここで議論できるのではないか。答えはもうすでに、ここにあると思います。心が平穏になるために。それは今の下界の時間とは違う時間を自分の中に作れるかどうか、人との間に作れるかどうか、それにかかっているのではないか、ということを本に書きました。

司会者　ありがとうございます。どうぞお求めいただければと思います。いかがでしょうか。

参加者b　投票率が悪かったけれども、投票した人の大半が自民党に投票した。その結果として安倍の独走を容易に許した。結果として不本意だが、それに手を貸してしまったのではないかという苦々しい思いがある。なってしまったのをひっくり返すわけにいかないが、今後どうしていったらいいかについて、サジェスチョンをいただければと思います。

姜　難しいお話ですが、ただ沖縄にいくと「県外移設」を言った鳩山さんは今でも人気があります。残念なことに民主党政権は政党の体をなしていませんでした。私は福田内閣の時に民主党党首であった小沢一郎氏と大連立をやったらよかったと思います。ドイツではＳＰＤ（ドイツ社会民主党）とＣＤＵ（キリスト教民主同盟）も大連立を敷きました。それによって変わりました。あの時に福田さんのようなハト派の人と小沢一郎さんが一回、大連立やってみればよかった。まだ自民党の中に、いろんな人もいます。福田さんやハト派の人もいる。私が知る限り、自民党の中は決して一枚岩ではありません。官邸主導に対して自民党の中からも批判は出ています。しかし今、アベノミクスがうまくいっていますから、国民はとにかく経済をよくしてほしい、この一念だったと思います。20年以上にわたってデフレ経済から脱却できないもどかしさ、中国は台頭し、韓国も競争力をつけ、このままの日本ではだめだという中で歴史上、稀にみるような規制緩和、金融緩和を言う安倍さんに票がドッと流れていった。得票率からすると、そんなに高くありませんでした。自民党が強かったというよりは野党が弱かった。民主党が政権の体をなしていなかったということです。民主党はフラクションの集まりのような性格だったわけで、失望感が国民には強かった。政権交代が行われて、日本にも民主主義が定着するのではないかと思っていましたが。自民党の返り咲きは、その間の事情を考えると、そうなのかなと思います。本来はその時点で、憲法改正や集団的自衛権を争点とすべきだったと思います。それを争点にしなかったことによって、有権者は争点がどこにあるかわからなかったと思います。

代表制は全権委任ではないと思います。選挙で一票を投じたからといって、その人にすべてのフリーバンドを許したわけではない。これを独裁的な委任と政治家が考えてしまうと、公約に掲げないことまでも実行してしまう。今回、間接民主主義の一つの限界も露わになったのではないかと思います。

参加者b　我々は今後どうすればいいでしょうか。

姜　一つは具体的な法、特定秘密保護法ができた場合でも、これの実施を何らかの形で監視する。運用に関して。できてしまったから終わりではなく、具体的な運用をきっちりと監視していかなければなりません。大切なことは、一般の読者が気づいたらすぐに新聞社にハガキを出すことです。新聞記者は、自分たちがやっていることにあまり自信がない。読者がどう見ているかを気にしている。17、18年前、病院に入院していた時、新聞を読んで、これはいい記事だと思ったらすぐハガキを出しました。記者はとても喜んだ。この記事はとてもいい記事だと思ったら即座にハガキを出す。今後、運用の実態について何らかの監視をしていく、これは重要なことです。ここ２年半以上は、たしか選挙がありません、地方選挙はあります。２月９日は都知事選になります。ニュートラルな立場なので応援演説はできませんが、東京都民がどうなるか、これは注視すべきだと思います。小泉さんと細川さんのタッグができるか、できた場合は大きなうねりになる可能性はあります。政治状況はいつでも変わります。政治的な状況に一喜一憂しないで、しっかり周りの人と「多事争論」をやっていくことだと思います。今、私たちの社会は政治について発言することを憚る。原発ひとつとっても、これに対して反対すると企業や職場、地域で何かまずいのではないか、と気遣う。そうではいけないと思います。萎縮していけば、活力は奪われていきます。福沢諭吉でいいと思うのは多事争論ということです。できる限り多くの人々が議論をする。ここでのように。それがあってほしい。飲み屋でもいいと思います。

参加者c　韓国から28年前に日本にきました。大学で教えていますが、研究成果を沖縄で事業化して沖縄で雇用を生むために会社を作り、今、準備をしています。日本人でもなく、韓国人でもなくて、私はクリスチャンとして天国に国籍を持つ者として、どうできるかを考えます。

日本に生きるためにはクリスチャンの立場を持つことが重要ではないかと思います。3・11や脱原発の時代に、混乱の時に、クリスチャンが、聖書的な矛盾のない立場を明らかにすれば、とてもいい証になると思います。クリスチャンの世界観から、今の政治、経済、3・11以後のことをどう考えたらよいか、お尋ねしたい方も多いのではないかと思い、質問してみました。

姜 わかりました。私は国籍をとっています。ただ国籍は私自身はどうでもいいと思っています。日本国籍でもいい、韓国国籍でもいい。つれあいが日本国籍ですから、この子どもたちは全部日本国籍にしました。姜という名前は私の時代で終わり。それでもいいと思っています。問題はクリスチャンで生きるということは、この日本の社会では二重のマイノリティを引き受けるということです。私は在日でもあり、同時にクリスチャンでもある。その上にハンディキャップを背負っている人だと三重のマイノリティを生きることになる。その意味は非常に重要ではないか、とりわけ日本においては、と思う。韓国にはかなりの数のプロテスタントがいます。教会でかなり問題のある面もあると思います。しかし東アジアの中に5000万の人口でこれだけクリスチャンが多い国は韓国くらいだと思います。韓国においてクリスチャンであることは日本におけるマイノリティであるほどマイノリティではない。そういう中で私が韓国に行った場合は、あくまでも「在日韓国人」として見られる。これもどこか、ある種、距離のある存在なんですね。そういう点ではディアスポラ的な面があると思います。

　アメリカで活躍している人々を見ると、グローバル化が進行していく過程でかなりのマイノリティが主人公になってきている。アメリカの経済学一つとっても、シカゴ学派に集まる人々や現在のＩＴ企業を起こしている人はほとんどが移民、もしくはニューカマーとしてアメリカにやってきた人たちです。そういう人々が、グローバリゼーションの前衛的な部分を担っています。日本においてはどうか。私の知り合いで一人あげるとソフトバンクの孫さんがいます。ただし孫さんは日本国籍です。彼の場合はつれあいが孫という名前なので、その名前をとって孫という日本国籍をとりました。彼はもともと佐賀県の生まれで住所不定でした。そういう状況で彼は生まれたわけで。日本国籍をとろうと、韓国籍をとろうと、それはあまり問題ではない。自分がマイノリティであることを自覚しながら、それを一つのアイデンティティの拠り所として自分の事業を進めていくことは大いに意味があることだと思います。もちろん彼はクリスチャンではありません。彼の出自や育ちは僕と似通っています。ソフトバンクの30周年の株主総会に呼ばれた時、彼は株主総会で演説しましたが、あとの30分は泣いていました。自分のおばあちゃんの話をして。彼にとってマイノリティであることのルーツは、消そうにも消せない。それが大きなバネになっている。

　日本でクリスチャンであることはマイノリティであるということです。それを大いに自覚し、だからこそ我々がやれることがある。マイノリティとして国境を超えて日本の国籍を持ち、日本の国がやれないこと、具体的には北朝鮮に対して、そこで苦しんでいる人々にさまざまな貢献をする。どんなにひどい国家であっても、そこに生きている人々はゴミのような人ではないですね。同じように泣きもし、笑いもする人々です。そういう人々と交流がない場合、場合によってはクリスチャンの立場でさまざまな貢献をすることもできる。クリスチャンであり、マイノリティであることで、これまでの既成観念ではやれないことをできる。それは同時にかなりのリスクを背負うことでもあります。そういうことをやろうとする時に、少し覚悟は必要になる。マイノリティとして生きる、だからこそ神に近いと思っていますけど。クリスチャンで日本で生きる、しかもそれが異民族である場合、そのことをしっかりと認識しながら今後のどの活動をしてもいいと思う。経済的な活動であれ、ボランティアであれ、学者であれ。そこでマイノリティとして生きることがより大きな可能性を持つ、通常できないことをやれるかもしれない、そこに可能性があるのではないかと思っています。

参加者d　民主主義がいちおう確立している日本の国においては、国民の意思決定が重要だと思う。その意味で安倍政権を生んだのは、私たち国民だという自覚が必要だと思う。日本の国民は、土居健郎先生の『「甘え」の構造』とかルース・ベネディクトの『菊と刀』に書かれている「恥の文化」のように、どうも流される性格を持っている。アジテーションとか安倍さんの言動に慣らされる傾向があるのではないか。その中で日本の国民、大衆の意識、投票行動が信頼できる方向に向かうかどうか、ご見解をお聴きしたい。また安倍政権や社会について悲観的なお話が多かったのですが、よい兆しも見えたのではないか。よい兆しがあるとしたらどこなのか、教えていただければと思います。

姜　今、デモクラシーはどこの国でも限界に来ていると思います。日本だけではないと思います。最近、オーストラリアのジョン・キーンという人が『デモクラシーの生と死』という本を書いていますが、先進国の中で民主主義がいろんな問題を抱えている。日本だけではない。日本の場合について言えることは、民主主義はそれなりに定着している。最近、今の皇后美智子さんが自分の誕生日に出した談話があります。その中で彼女はとてもいいことを言っています。日本国憲法は、それが成立する前にすでにたくさんの私擬憲法が作られたというのです。実際そうなんです。日本国憲法の成立前に、明治維新の時からさまざまな「私はこう思う」という形での憲法の草案がたくさんあった。美智子さんは四日市にいかれた時、「四日市から発せられた維新の時代の憲法はすばらしいものだった」と言われた。今も天皇、皇后も含めて現在の日本国憲法について強いアタッチメントがあると思います。現状を危惧されて敢えてそこまで言われたのだと思います。普通であれば皇室からそのような発言は出なかったでしょう。それくらい危機感があるということですね。日本の中には民主主義の歴史が決してないわけではなく、長い長い歴史がある。大正期にもあったし、日本国憲法は決して押しつけではない。吉野作造以来の民本主義があり、その流れを汲んだ、私擬憲法がきら星のようにたくさんあります。それが東大の明治文庫にあります。それを読んでみると日本国憲法がＧＨＱによってすべて創作されて出てきたのではないことが、よくわかります。必ずしも日本の国民が流れに、勢いに流されやすいとは思いたくないんですが、ただ残念なことに、それを勝ち取ることができなかった。日本国憲法は占領とともに天下った。しかし歴史はありました。歴史がなければ日本国憲法を受け入れなかった。それを育てようとしました。残念なことに今の若者に憲法の話をしてもなかなか通じない。「平和主義」という言葉がとても陳腐に聞こえてしまう。結果としては平和主義＝繁栄＝成長主義、だから原発もある。問題は経済成長に関わりなく、繁栄に関わりなく、民主主義や平和主義がいかに重要なのかということの確認が、戦後の民主主義の中で弱かったのではないか。だから成長や繁栄が止まった途端、憲法改正についてのうねりが一挙に噴出してしまう。

ずっと前に金大中元大統領とお会いした時に、彼は僕に「日本は変わった。日本は戦後、すばらしい国になった。韓国の国民は日本の変わった姿を見なければいけない。だから日本の文化を解禁した。韓国は国内で対立があったけど、隣国のすばらしい文化を受け入れることを閉ざしていた。それは我々にとって屈辱的である」と言いました。彼は他方で「しかし民主主義は水道の蛇口をひねれば水が出るというようなものではない。我々は血で贖った。民主主義の蛇口から民主主義が出てくるためにたくさんの人命が失われた」と力説していました。残念なことなんですが、幸か不幸か日本は民主主義を勝ち取るということが、なかなかむずかしかった。しかし歴史はありました。東アジアの先進国として日本の分厚い民主主義はあった。しかし勝ち取ったという歴史ではないことが今、弱さとして出てきているかなと思います。韓国も問題がありますよ。今、若者たちの政治離れは日本以上です。しかしオポジションはかなり強い。反政府的な野党やさまざまな市民運動がまだ根強くある。日本は反原発など、さまざまな動きが今回出てきました。これまでなかったことです。ヘイトスピーチに対して、まだ微弱ではあれ、市民たちが動きだすようになりました。

地方に行くといろいろな取り組みが始まっています。地域社会を活性化するためにどうしたらいいか、多くの人が立ち上がっている。中央東京にいると見えてきません。地方に行けばよくわかります。日本の民主主義のグラスルーツは、まだまだ強い。ただ今、強いうちにこれを何とかしなければいけないのではないか。日本は大きな分岐点に立たされているのではないか。今総選挙をやれば、自民党への支持率は、安倍政権に対しても5割を切ったと思いますから、もっと低くなるのではないでしょうか。韓国で「日本が右傾化した」というのは表層的な見方だと思います。国の表面は確かにそうかもしれません。一般の国民は必ずしもそうではない。地方レベルでみても。まだ可能性はある。今、国や政党のレベルと一般の市民のレベルの乖離が甚だしく、市民の、国民の合意が政治に反映されていない。それに対するもどかしさを感じている普通の市民がたくさんいる。そういう人たちの「声なき声」は少しずつ前より出ているのではないか。日本はこのまま悲観的な方向に向かうだけではないと考えています。

参加者e　この会のテーマは、福島原発事故を原点に据えて日本と世界の歩むべき方向を探るということです。原発はやめた方がいいという世論が多いにもかかわらず、原発を止める方向へ進まないのは、核オプションを持ちたいという考え方があるためとお聴きし、なるほど、そうだろうと思います。しかし安倍政権の昨今の動きは、ストップをかけ難い動きで、3年後の総選挙を待てないくらいスピードが速い。彼は、安全保障についてどう考えているのか疑問を持ちます。54基の原発を持ち、それには廃棄物が詰まっている状況にもかかわらず、軍備を増強したら中国、韓国、北朝鮮と敵対しても勝てるという気持ちに煽られた人たちが相当いる。安倍さんは、そういう状況を作って一体どうして生き延びられると考えているのか、日本の平和を守らず、近隣諸国との間に平和を築けずに、日本の国家が生き延びることができるのでしょうか。

姜　戦前を考えればいいんですが、岸信介は商工省にいて、当時の内部大臣になる木戸さんの命を受けてアメリカに出張します。アメリカにいって彼は仰天する。一人あたりの車の台数が日本と圧倒的に違う。こういう国と戦争はできない、と感じた。「世界最終戦争論」を唱えた石原莞爾も、アメリカがどれだけの巨大な生産力を持っていたかを知っていた。でも、戦争になりました。まともに考える人には、こんな戦争は負け戦になるとわかっていたんです。でも、戦争になりました。情理を尽くして考えれば当然、こんなことはありえないこと、原発もそうです。54基もつくって北朝鮮が自暴自棄になって中距離ミサイルを一つ発射しただけで、日本は終わりですね。それがどこかにあたれば。そんなことはありえないと思いますけど。そう考えれば誰でもわかること。にもかかわらず、そこに進んでいく。これは戦前もそうでした。

合理的に考えている人たちは、アメリカとは生産力の違いを超えられない、と考える。しかし最終的には短期決戦という幻想を抱くわけです。そしてパール・ハーバーへと向かっていきます。

戦争というものは、合理的に考えればあり得ない選択を、最もエリートだと思われる人たちがやってしまうことです。ドイツと日本の根本的な違いは戦争を率いた人たちの層でした。ニュルンベルク裁判のA級戦犯で博士号をもっていた人はいましたか。ゲッベルス以外にごく少数ですね。しかし極東裁判のA級戦犯は東京帝国大学や陸軍大学を優秀な成績で卒業した人たちです。超エリートが戦争を仕切っていた。ナチスとは根本的に違う。今回の原発も通産省、総務省をはじめエリートたちが管理をしていたはずです。こういう人たちを、アマルティア・センの言葉ではないですが「合理的な愚か者」と言うのです。権力の中枢にいる「合理的な愚か者」の振る舞いを一般の人々がどうやって気づき、それを止められるのか、これが今、問われていると思います。

東アジアに平和的な環境を作らざるを得ないと思う。たとえ北朝鮮があああいう状態であっても。そのために以前から東北アジア・コモンハウスをと言ってきました。スローガンですけど。東南アジアにASEANがあります。どうして東北アジアにはないのか。ANIANと言っています。東北アジア諸国連合。アメリカも入りますけど。そういう多国間の地域的な枠組みを日本が率先して作るべきだと思います。ドイツの場合はアデナウアーの時西側に復帰をして、ブラントの時東側が復帰をしていき、ＮＡＴＯの集団的安全保障の中にドイツを位置づけました。日本は日米安保しかないわけですね。

参加者f　自民党政権が日中国交回復をし、その時代が2年ほど前までは継続していました。安倍政権の傾斜をどうすれば止められるのか。その危険性を政治学者が指摘し、もう少し一般レベルの友好的な考え方が広がらないものか、と思います。

姜　現在の自民党の中心にいるのは、かつての冷戦時代の韓国・台湾ロビイストです。岸派の流れを汲み、やがて森派になって、現在の小泉から安倍さんに移っている。もう一つ、田中角栄と宏池会、宮澤派ですが、自民党は経世会がパージされてきたわけですね。生き残ったのは台湾ロビイスト、韓国ロビイストだったわけです。反共主義的な。自民党も保守政権が小泉さんから大きく変わったことは否めないです。

参加者g　一票の格差が、裁判所で指導されているにもかかわらず、国政にいつ生かされるのか。投票率が低くて一定以上に達しなかったら、その投票は無効にするとか、選挙民が選挙に対して自覚を持つ法律はできないものなんでしょうか。

姜　格差の問題ですね。格差の拡大からすると、アメリカの方が上と下の格差はもっと激しいかもしれませんし、韓国の場合もそうだと思います。韓国は労働人口のうち5割以上が非正規雇用になってしまいました。まだ日本はそこまでいっていませんが、格差は拡大していきます。ひどい格差ですね。ジャスト・イン・タイムという、必要な時、必要な場所に、必要なだけ、必要な物品だけを調達できるシステム。労働人口も国境を超えて調達できる時代です。企業が海外にいくらでも出ていくことができる状態になると、日本国内だけで労働力を調達する必要がなくなってきましたから、非正規の人々がもっと増えていく。もっと増えると最低賃金すら、ままならなくなる。派遣労働法を変えましたので、それも呼び水になると思います。結婚すらできない状況になってくる。これは韓国も同じ問題を抱えています。日本もそうです。ドイツの場合も決して理想的な状態ではない。日本の社民党とドイツの社民党は雲泥の差なんです。日本の社民党はなくなる寸前です。社会民主主義とは、特定の政党のことに限定されません。社会が個人をケアすることで、これは、アメリカでもオバマがやろうとしている。オバマ・ケアはまさしくそうです。イギリスにも労働党がある。社会民主主義は、イズムでとらえなくても、個人が被っている不運は個人だけの問題ではない、社会がそれにかかわらなければいけない、という考え方です。それを聖書的にいうと「愛」だと思っています。コリント人への第一の手紙第13章にある、信仰と希望と愛という時の愛ですね。愛というのは現世的にいえば社会を通じて表れてくる。今の新自由主義的な個人主義は、キリスト教の教えから最もほど遠い。そういう状態が常態化している。私はこれを「弾の飛ばない戦場」と言っています。

私は4月から学長になりますが、私は在日に生まれても、いちおう地位を得ました。それなりの所得があります。本も売れるようになりました。決して貧困ではありません。でも今から若者を戦場に送り出すという気持ちです、弾の飛ばない戦場へ。はっきりと勝者と敗者が分かれてくるでしょう。そういう社会の中で若者たちが希望をもって生きられるだろうか。生き延びるという、そのためにも教会は今後、もっともっと大きな役割を果たさないといけないと思うんです。今の政治システムである限り、格差は是正されないと思います。この5年間で、このままいけば非正規雇用がマジョリティになっていく。ウェルビーイング、生活の保障にかかわるところが刈り込まれていくはずですね。現に生活保護を申請できなくて餓死した例も出てきていますから。格差の問題について今後どういう取り組みが必要なのか。ドイツの例を引きますと、日本よりは分権化されています。州の力が強いです。果たして日本が道州制にすれば、その問題が解決されるのかどうか。必ずしもそうではないと思う。かつて言われたようなシビルミニマム、ナショナルミニマムを法制化する必要があると思います。千葉大学の広井君という人はベーシック・インカムを導入すべきだと。若い人にベーシック・インカムを。そうすれば若い人はチャレンジングに起業できるのではないか。

今のままではアベノミクスにもかかわらず、地方にいって景気がよくなったというタクシーの運転手さんは一人もいません。この20年間、日本全国津々浦々タクシーを利用することにしています。そのせいかタクシー連合会に呼ばれて話をしたこともあります。日銀の短観とか企業のシンクタンクの景気動向は、ほとんど信用なりません。実感経済を知るにはタクシーに乗るのが一番です。タクシーの運転手さんが「まあまあ」という時は少しはよくなっています。そういう運転手は一人もいません。まだそういう状況ではないと思います。アベノミクスがうまくいかなくなる時がくる、その時に方向転換ができるかどうかですね。財政の問題がありますから。貧困や格差をなくすための一つの手がかりは、共有制度を増やしていくことです。例えば車を地域で5人、10人でシェアし合う。これも一つの案ですね。パブリックでもプライベートでもない、コモンの領域を増やしていく。２００1年にアルゼンチンのブエノスアイレスに1カ月間いってまいりました。たいへんな状況でした。国家破綻していましたので。そこで見た光景は地域通貨でした。日本でも地域通貨を実施している自治体はあると思いますが、実物経済をもっと生かすべきではないか。そのためには教会の役割は大きいと思います。実物交換、地域通貨を生かすことによって、できる限り貧困者を救い上げていくことが、ブエルスアイレスではやられていました。

参加者h　社会のふきだまりになっている弱者の声が新聞にもほとんど出てこない。弱者と接している人の話を聞くと、そういう人たちは「自分が悪い、自分が努力していない」と言う。「政治が悪い」ということはない。果たしてそれが本当なのか。本当はそういう声があるが、マスコミが採り上げていないだけなのか。そういう発言ができない政治、社会情勢が彼らをふきだまりに追い込んでいるのか。発言したくても、できない人たちがいる。先生のご見解をお聴きしたいと思います。

姜　1979年にイギリスに行った時、ちょうどマーガレット・サッチャーが労働党政権を破って保守党政権になりました。比較的保守的なイギリスのボーンマスというところでサッチャーの発言を聞いていたんですが、驚いたのは、彼女の発言の中に社会というものがない。あるのは個人と家族だけです。それが有名なサッチャーの演説なんですね。当時は驚きました。やがてその驚きが多くの人には驚きではなくなり、常識になってきたわけです。それがこの20年間の変化だったと思います。その前段階の80年代に民間臨調が作られて、その布石は打たれてきたと思います。民営化は必要な局面もあります。しかし民営化がオールマイティではない。

中曽根政権下、80年代にそれが進められていきました。弱者の声がメディアに反映されなくなったのは、確かにその通りです。ここには、とりわけ79年の世界的な変化というプレ・ヒストリーがあったと思います。今、私たちは自己責任＝自分ですべて処理しなさいと言われています。これが受け入れられるようになったことには、歴史的背景があるということですね。

それはつまり、労働力の再生産を、国民的なレベルで公共投資の対象としなくなったということです。つまり一定の限られた熟練、半熟練者を、未熟練者も含めて学校教育の中で労働力としてきっちりとナショナルなレベルで再生産していくこと、それにかかるコストを縮減しようとした。企業も年功序列制度を、退職金も含めて人件費を、経済外的なコストを減らした。これが今、進んでいる事態だと思います。それはメディアにも反映されています。私もメディアに、たまに出ますけど、矛盾を感じるのはテレビ局こそ下請けの最たるものだということです。そういう構造によって成り立っています。今の状況はおっしゃる通りです。声として出てこない。政党がそれを代弁できない。これを何とかしないといけない。脱原発を進めると同時に、地域のエネルギーをどうするかということからライフスタイルを変えていく。地域社会のあり方を、これから10年かけて変えていく必要があると思います。東京は変わらなければなりません。今回のエネルギーの問題でもし変われば、最大の電力消費地である東京の経済やライフスタイルが変わっていくかもしれません。相馬市に行って、主婦の方に会いました。南相馬から逃れてきたんですが、ご自分のお連れ合いとお子さんを亡くされました。その方がおっしゃったことは「東京電力は私たちとは縁もゆかりもない。東京が電気を欲しいなら、なぜ東京に原発を持っていかないのか」ということでした。今回の東京都知事選は、そういう点では大きな意味があると思います。もしそれが変われば。そうすれば、少し声は出しやすくなってくるのではないでしょうか。楽観的な期待かもしれませんが。

司会者　ありがとうございました。姜先生に拍手をお願いいたします。皆さんも長い時間、熱心に聞いてくださいました。１日目のプログラムはこれで終了とさせていただきます。姜先生から「混成型共生社会の可能性」について、エネルギー問題を取り囲む社会の情勢について、興味深いお話を聴きまして、そしてはなしあいができたと思います。明日は上山先生から原発問題についてお話をいただきます。

司会：土井健司（関西セミナーハウス活動センター運営委員、関西学院大学神学部長）

今、聖書から問う——核利用の根にあるもの

上山修平

うえやま・しゅうへい　1954年生まれ。京都大学工学部機械工学科を卒業、放射線CTの設計開発に携わる。その後、献身し牧師に。下関の教会時代に脱原発運動に取り組む。現在日本キリスト教会横浜海岸教会牧師。著書に、『子どもの神学』、『科学技術とキリスト教』、『原発とキリスト教』（共著）など。

はじめに

上山です。昨日、礼拝を終え、12時すぎに横浜を出て、関が原あたりで雪が降るのではと心配しましたが、無事に着けてよかったです。昨日聞かせていただいた姜先生のお話しを踏まえながら話をさせていただきます。

最初に、ここでお話させていただくことについて少し触れておかなければなりません。一昨年、『原発とキリスト教』（新教出版社）という本が出ました。それに際し書き下ろしの原稿を求められましたが、先に『福音と世界』（2000年1月）に掲載した文章で、放射線のことや聖書とのかかわりなどについてすべてお話していますので、新しい文書を書くよりはまずそれを読んでいただきたいと思い、それを再録してもらいました。その再録記事のあとに、今回の原発事故について書かせていただきました。つまり、私としては今回の事故が初めての原発事故という捉え方はまったくしておらず、むしろチェルノブイリ事故以来の連続性の中で、ついに再び起きてしまった、という思いを持ったのです。

チェルノブイリ原発事故の後、『まだ、まにあうのなら』という本が出ました。甘蔗珠恵子（かんしゃたえこ）さんという主婦の方が書かれた本です。私が神学校を出て下関に赴任した時、妻もその本に触発され、下関で「原発はいらない下関母親の会」を立ち上げまして、いろんな集会や署名集め、学習会等をやりました。私は工学部を出て短い期間ですが会社で放射線ＣＴの設計開発に関わり、その後、献身いたしました。会社に入った後、２日間にわたって、放射線についてみっちり講義を受けましたが、牧師になりましたので、いったん、そういう問題から離れていました。しかし、最初の娘が心室中核欠損症という心室の間に穴があいた状態で生まれてきまして、病院に通うたびにレントゲンをあてられることになりました。３年目に入った時に、妻にも相談して先生にレントゲンの回数を減らしてくださいと言うことになりました。妻が付き添って行っていましたので、私は妻に「先生はこういう三つの放射能の値を示されると思うが、それに対しこういうことを言ってほしい」と言いました。すると、先生は予想どおり三つの値をメモに書かれて出されたので、妻は「夫がこう言っていますので」と言って説明しました。先生はそれを聞いてくださって、レントゲン照射はそこで終わりました。

そこで先生から示された三つの放射能の値は、①自然界で誰もが浴びている値、②国で許容値として認めている値、③娘がレントゲンから受ける値、この三つの値です。予想通り、先生はそれら三つを示し、「だから安全です」と言われたのです。しかし、そうではないのです。そのことは後で述べます。とにかく、生まれた娘のことと、86年のチェルノブイリ事故、それらが重なりあって、原発問題に関わらざるをえなくなったわけです。

池内了という科学史の先生が著書の中で「工学者は新しいものを作りだすことにおいては熱心だが、作りだしたものをどう処理するかに関してはあまり考えてないのではないか」と指摘をされています。その通りだと思いました。会社で働いている時、X線を浴びる量を測るバッジをつけていましたが、私もあまりその影響のことを考えていませんでした。超過勤務手当があってうれしいなというレベルでした。工学者は自分のやっていることの問題点はあまり考えない、考えたくないというところでやり続けるものです。

昨年、足尾銅山に行きました。NPO法人の資料館に行くと、銅山で銅を精錬した大きな機械がありました。それによって公害が起こりました。それを解消するためにまた大きな機械を作ったわけですが、その写真の下に「精錬するための機械は見事にできたが、害をなくすための機械を作るのはたいへんだった」という説明がついておりました。鉱毒が川に流れ、大きな被害を及ぼし、それにより風下の木は全部枯れてしまった。説明してくださった方と、「今回の原発の事故と同じですね」と話しました。放射線量のホットスポットがそのあたりにもあるそうです。資料館の外に木々が茂っていましたので、「このへんは緑が多くていいですね」と言いますと、「10年前まではそうではなかったんですよ」と話されました。3・11が最初ではない、チェルノブイリがあり、さらにその前に同じような事故があったのだと、つくづく思わされた次第です。

本日はまず、三つの現実を取り上げて考えたいと思います。これらを知った上で、「それでも原発を続けますか、続けたいと思いますか？」と考えさせられるであろう問題三つを指摘したいと思います。そして後半で、「聖書から見えてくるもの」をテーマに考えていきたいと思います。現実の問題に向き合わないと、聖書の福音がその問題にどう関わってくるのか、よく見えてこないと思っています。しかし、現実に起こっている問題に対してキリストの福音の深みから考えず、ただ正義を叫んで取り組むだけでは、聖書の福音に立って取り組んでいるとは言えないと思います。現代に生きるキリスト者は、この世の倫理的問題に対して、まず神様から与えられた知恵と知識を生かして、何が起こっているかをできるだけ正確に把握しなくてはなりません。その後、その問題に対して神様、イエス様はどう言われているか、聖書はどう教えているかを考え、行動していく。それが順番だと思います。そこで、まず現実に起こっている問題について考え、それに対して聖書が語っている展望についてお話させていただきます。

三つの現実

1．放射線の恐ろしさ

さて、三つの現実から考えます。その一つは放射線、放射能の恐ろしさです。私は14年前に、1999年後半に東海村の事故が起きた後、求められてすぐに、『福音と世界』に原発、原子力による発電の問題性を書きました。その時私は、日本キリスト教会仙台黒松教会牧師でした。私は、下関に10年、仙台に18年いて、そして横浜にきて4年目です。チェルノブイリ原発事故の後、下関で「原発はいらない下関母親の会」を家内が立ち上げました。下関では中国電力の方との公開討論会も教会で催しました。コジェネ（コージェネレーション・システム）とか、電力は発電した近くで使う、その方がエネルギーの減衰が起こらないとか、そういう類のことは当時すでに言われていました。

『まだ、まにあうのなら』という小冊子がチェルノブイリ事故の後、出版されたことは先ほど申しました。当時それを読んで脱原発運動に取り組まれた方がここにもおられるかもしれません。そういった方の中には今回の3・11事故が起こり、また同じことが起こったと悲しい思いを持たれた方も多いと思います。私も、チェルノブイリ事故の後、あれだけ日本中で脱原発、反原発の運動が起こったのになぜ、と悲しくなりました。今回は小出裕章さんが原発の問題性を主張する代表者としての役割を負われたといった感じですが、当時は高木仁三郎さんがその立場を担っておりました。また、小出さんと同じ京大の今中哲二さんの資料もよく読んでおりました。そんなことで、今回の事故で多くの国民に知られるようになった問題は、すでにその時に全部出ておりました。

たとえば、放射能の影響は福島で今後どのようになっていくか、ということがよく問われます。後で紹介しますが、綿貫礼子さんら女性たちによる研究グループが、チェルノブイリ事故後の現地の状況について、特に子どもたち、女性たちにどういうことが起こっているか追跡調査をしておられます。言いたいことは、福島で、今後のことがまったくわからない初めてのことが起こったのではなく、チェルノブイリでなされた調査を追っていけば、後々起こるであろうことはある程度わかるということです。もちろん爆発の違いがありますし、拡散した放射性核種が及ぼす領域の違いもありますが、今後起こることはまったくわからないように思うのは違う、ということです。

このたびの3・11事故が起こり、多くの人たちが原発の問題性に気づかれたことはうれしいことですが、なぜチェルノブイリ事故の後、あれだけの運動がなされたのに衰退していって、福島の事故が起こるに至ったのか、そのことを考えさせられている、ということを、先に出た

『原発とキリスト教』に再掲載していただいた文章のあとがきに書きました。「原発反対」よりもっと深いところで考えなければならない。もちろん、言うまでもなく、反対することに意味がないということではありません。しかし、ただ反対というレベルではないところで考えなければならないと思っています。

放射能、すなわち、放射線を出す原子が発見されてやっと100年少しです。レントゲン、ベクレル、キュリー夫人。今、私たちが耳にする放射能の強さを表す単位に使われる人たちの名前ですが、彼らの発見は1890年代後半です。会社に入った時に受けた導入訓練の際に、放射線についての授業も受け、その時に面白い話を聞きました。放射線について1900、1910、1920年代といろんなことがわかってくる。人々は驚く。いち早くアメリカで放射線について聞いて、それを利用して人々に見せた人がいる。誰だと思いますか。発明王エジソンです。彼がアメリカでいち早く耳にして、「見てごらん、骸骨が写る」と面白い箱を見せた。それを見て人々が驚き、大道芸人が町々に持って回って人々に見せてお金を取った。最初は実験台になる人を雇い、連れて回る。しかし、その人の身体の状態が悪くなる。それで行く先々の町で、実験台になって放射線を浴びる人を採用するようになった、という話を聞きました。

ラジウム温泉というのを聞いたことがあると思います。ラジウムはキュリー夫人が発見した、ウランより格段に強い放射線を出す原子ですが、ラジウム温泉というのは微量のラジウムを含んだ温泉です。放射線も微量ならば体に良い影響を与えるという説があり、その説に基づいて作られた温泉ですが、後で述べるように、微量放射線の害はいまだ解明されきっていません。原爆、チェルノブイリ、東海村、そして今回の福島事故。このような歴史をたどっていく中で、放射能の許容値にあたるものは、事故が起こるたびに、文字通り、桁違いに小さくされる歴史をたどっています。今一番わかっていないのは微量の放射線の害なのです。しかし、チェルノブイリ事故以後、専門家たちによるその後の研究成果をまとめた綿貫さんたちの本により、微量の放射線が及ぼす影響が解明されてきています。１９９０年代、そして２０００年代に入ってわかってきた新しい事実も報告されています。しかし、放射線の怖さは、それでもまだ全部わかったとは到底いえない怖さです。

チェルノブイリ事故の際に多くの本が出ましたが、特に綿貫さんたち女性の手でまとめられた『廃炉に向けて』（新評論、１９８７年）という本は優れています。福島事故後、オンデマンドで再販されています。これは、理系の方も、文系の方も、チェルノブイリ後のソ連、ロシアに出かけて、女性の視点からお医者さんたちの研究結果、当局から圧力がかかったような研究者たちの結果も含めて追跡調査をしてまとめられたものです。綿貫さんは一昨年（２０１２年）はじめに亡くなられました。亡くなられた直後だったと思いますが、『放射能汚染が未来世代に及ぼすもの』（新評論、２０１２年）という書名の本が出ており、こちらも非常に優れたものです。ここには、１９９０年代から２０００年代にわかってきたこと、あるいはそこから類推される事柄に関する資料が添付されています。以下に、放射能の恐ろしさを何点かに分けて述べます。

一つは、微量な放射線の影響です。放射線による障害には急性の障害と晩発性の障害がありますが、浴びる値がゼロになるまで危険性が存在し続ける後者の障害についてよく考えなければなりません。急性障害は、放射線をある値以上浴びると害として出てくる障害です。毛が抜ける、ケロイドのような火傷を負う障害です。これ以下では障害が出ないという値を「しきい値」と言います。急性の障害にはしきい値があります。しかし、晩発性の障害にはしきい値はないのです。どんなに小さくても危ないという問題を放射線は持っているのです。

通常、浴びる放射線の量が微量になれば害は小さくなっていきます。しかし、最先端の研究によりますと、非常に微量のところでもう一度、害が上がることがわかってきた。それはどうしてなのか。そんなこと起こるはずがないと議論が交わされた時代があります。しかし今は、ある極小値でもう一度上がる理論が解明されています。私は、１９９０年代富坂キリスト教センターの「自然科学・技術・人間Ⅱ」という研究グループの主事をやっていまして、その後、その成果が『科学技術とキリスト教』という題で本になって出ています。１９９０年前半から半ばにかけては、環境ホルモンのことが大きな問題になっていました。人工化学物質が微量でも人間のホルモンに影響を与える。ネーミングは大事ですね。「環境ホルモン」という表現は多くの人々にこの問題の大きさを理解させてくれました。人工化合物、塩素系化合物、リン酸系化合物など、どんなに微量でも人間の体に大きな影響を与えるのだと。森千里さんは化学物質におけるデータ集を出しています。これも微量で起こるわけです。そして、同じことが放射線でも起こる。すなわちどんなに微量でも起こる。この環境ホルモンの問題と放射線の問題とは共通しています。浴びる値が小さくなったところで修復の能力がカクンと落ちるのに損傷の落ち方は少ない、そこのところで損傷の値がもう一度上がる、そういう部分がある、こういう理論が出されたのです。

ペトカウというカナダの放射線の研究者が微量放射線が及ぼす害について気づいて研究しました。その成果はペトカウ理論として知られています。今ではその理論は多くの人によって認められ、利用されています。彼の研究について記された本が日本語でも出ています。いい本です。彼は被曝労働者の白血球についての研究中に政府からの研究費が突然打ち切られるといった経験もしますが、神の作られた自然を愛し、誠実に研究に取り組む熱心な信仰者でした。神様がなさる業、神の業は細胞のような最も小さな部分においてすら見ることができる、と述べています。熱心な信仰を持つ信仰者が自分の研究の中で問題性を発見した。微量放射線の問題はそういう問題でもあります。

二点目は放射線の世代を超えた影響です。放射線の害は浴びた人、またその次の子どもの遺伝子に害を及ぼすだけではなく、浴びた人には何も起きていないのに、その次の次の代の人に害を及ぼす場合があることがわかってきました。これはチェルノブイリ以降の研究の中でデータとして出てくるものです。それまでは、放射線の晩発性の害としては、それが当たった遺伝子、DNAに傷をつける、切ってしまうといった害が考えられていました。しかし90年代、2000年代に入り、放射線はそれだけではない害をいろんな形で及ぼすこと、つまり単にDNAを切断するという直接的な害だけではないことがわかってきたわけです。これはバイスタンダー効果と呼ばれ、放射線を直接浴びた所以外でも問題を起こすということがわかってきたのです。

どうしてこんなことが起きるのか、だいたいそもそも、それは証明され確定されたことなのか、専門家と言われる人たちの中でも言うことが違うじゃないか、私たちはそう思ってしまうことが多いと思います。しかし、私たちは専門家でないからわからないのではありません。医師たちのいろんな研究成果がこの本（『放射能汚染が未来世代に及ぼすもの』）のように紹介されてきています。熱心に読めば、どれが正しいか、どこがおかしいか、理系の人ではなくても、自分で考えられるようになってきています。市民一人ひとりが関わらないといけない。その必要があると思っています。

たとえば幼児に影響がある、胎児に影響がある、大人には影響がない、と言われます。わかりやすくいうと放射線がＤＮＡに影響を与える場合、最悪の場合、細胞は死滅するわけです。アポトーシス、すなわち悪い部分を殺してしまって防御する。人間が持っている本能的な面です。死滅することはいいわけです。悪いところがそれで終わるからです。しかし放射線は幼児や胎児には悪い。それは細胞分裂を活発に行っているところに放射線があたることからです。それもよく聞くが、なぜか。もう55歳以上、60歳になった人は怖がらなくてもいい。細胞分裂も不活発で子孫を残すことがないからです。子どもが胎内で細胞分裂している時に放射線を浴びると、死滅しないで、あるＤＮＡが切断され、変異を起こし、そのまま変異した遺伝子が次世代に受け継がれていく。それはまずい。細胞分裂が活発に行われている幼児、胎児、赤ちゃんを産むお母さんたちが放射線を浴びることに気をつけなければならない理由は、そこにあります。この本の中でも、放射線がお母さんの胎内にいる胎児に影響を与える問題の一つとして、胎児が細胞分裂してだんだん内臓器官や手や目を形成していく際、順番にスイッチが入っていくわけですが、そのオン・オフのスイッチのところに影響を与えることが紹介されています。

チェルノブイリ後、朝日ジャーナルが毎週、放射線のことに関して記事を載せていました。その中で、イギリスの再処理場から漏れる放射能の問題が大きくなり、裁判が起こされた記事がありました。その時に書かれていた問題指摘を今でも覚えています。「いったい、これ（工場の放射能漏れ）がその病気の原因だと被害者側が言えなければ裁判にならないのか。むしろ、工場側が自分たちから出たものによるのではないということを証明しなければならないという風に裁判はならないのか」と。今に至るまで裁判というのは「その原因がこれにある」ということが証明されないと有罪にできないわけですが、被造物世界の中に人間が生み出す放射線核種の問題について、そういう裁判のあり方でいいのかどうか、根本的なところに問題があると思います。

三番目の宝くじ型障害。「晩発性障害は宝くじにあたるような確率性の障害である」。立命館の安斎育郎先生が使われている表現、ネーミングです。放射線の問題は宝くじ型、あたりくじ型障害だと。たくさん宝くじを買っても、あたらない人もいれば、1枚だけ買ってあたる人がいるのと同じように、放射線を相当浴びてもガンにならない人もいれば、わずかに浴びて遺伝子が傷つけられてしまう場合もある。「浴びても障害が起こってない人もいるじゃないか、これが放射線による障害だとどうして断定できるのだ」、そういう主張がなされることがある。しかしそれは、放射線の晩発性障害が「確率的障害」であることが、よくわかっていないからです。急性障害でない晩発性、あるいは遺伝性の障害の場合は確率的障害なのです。これは言い換えますと、障害が起こる可能性がたとえ0・005パーセントという小さい値であっても、

10万人、１００万人、１０００万人集まれば、その数かける10万分の5の人数に障害が起こるかもしれないということです。ある時から「小学校での胸部レントゲン撮影をやめようじゃないか」ということが言われ出しました。レントゲンで病気が見つかることがあるかもしれない、それは有用。しかしX線を浴びることによって害を帯びる人がある確率で出てくることは確実に起こっている。ある集団がそういう状態に置かれている時、その集団は長い期間にわたってその影響を受けることになってくる。そういう類の問題を最近になって真剣に考え始め、それでやめることにしたということです。

四番目の生体内濃縮の問題。福島の後、「今日の放射能の値はこれだけ」とホームページや新聞にも出ました。空気中の放射能の値です。しかし怖いのは空気中のものではありません。生物は濃縮していく機能を持っている。濃縮されたものを私たちが身体の中に採り入れる時、細胞の近くで放射性核種が核分裂を起こし、核エネルギーの膨大なエネルギーが細胞に影響を及ぼす、これが怖い。放射能の特殊な怖さの一つに生体内濃縮を起こすことがあるわけです。具体的に言うなら、放射性核種が空気中にまき散らされて薄められたとしても、たとえばヨウ素１３１は植物体内で濃縮され、それを食べた牛のミルク、ここでまた濃縮が起こり、ついに人間が高濃度のヨウ素１３１を採り込むという怖さです。細胞のすぐそばで核分裂を起こし放射線を出す、これに気をつけなければならないということです。

福島の事故が起こる直前でしたが、ある新聞に、輸入茸が原産国に戻されたという記事が載っていました。「原子力資料情報室」の通信にも載っていました。ヨーロッパから日本に輸入された茸から許容値より多くの放射線量が出たという理由で戻された。それは、チェルノブイリ事故の影響がいまだに残っているということです。茸は放射能を吸収して残しやすい。植物によって違うわけです。ヨウ素131がなぜ甲状腺に集まり、障害を起こすかということを知る時、放射能の生体内濃縮の問題の特殊性がよくわかるので簡単に述べておきます。人間の身体は成長に欠かせない必要なホルモンを作るのにヨウ素を必要としています。ヨウ素は喉の甲状腺に集まる性質を持っています。それ自体は何の問題もないのですが、人間の身体は悲しいかな、原発事故などで人工放射性核種となって放出された同位元素ヨウ素131と普通のヨウ素との違いを見抜くことができず、どんどん吸収してしまうのです。自然のものを採り入れてうまく生きていく人間の身体が、人間自身が作りだした新しいもの――人工放射線核種――を自然のものと区別できず採り込んでしまうという悲劇なのです。

市川定夫さんという埼玉大の先生で、ムラサキツユクサを原発の周りに植えて、微量放射線が植物に影響を与えることを立証した先生がおられます。その先生のなさった授業でのお話が『新公害原論』（新評論、1990年）という本にされています。これはいい本です。下関で集まって放射線についての原理的な学びをする時に皆で読みあったものです。原発は安全に動いているなら放射能（核分裂を起こし放射線を出す放射線核種）を出していないのではありません。福島事故が起こったから放射能が出てたいへんだというのではないのです。原発が稼働している限り、常時、放射線核種を世界に拡散しているのです。クリプトンやキセノンはフィルターでは除けません。そういう類のものを出しているのです。原子力発電所を動かしているということは人工放射性核種をどんどん放出しているということなのです。さらに、再処理工場ができると、原子力発電所の1年間分の放射能を1日で放出すると言われています。

地球の60億年の歴史からいいますと、最初地球は放射線に満ちていました。半減期でどんどん減ってくる。その中で生物が生きていける時代になってきた。自民党の甘利さんは「殿、ご乱心」と細川さんのことを言い、同時に「原発のような安全で安価で安定した燃料を捨てるわけにいかない」と言った、と新聞に出ています。どうしてそんなことが言えるのかと唖然としました。安全？　今も原発の燃料にするウラン採掘鉱山の地元の人々や労働者、原発を稼働するために働いている労働者など、放射線を浴びている人たちがいるわけです。鉱山現場の人たちの被曝量は相当なものです。それなのに「安全」だなんてどうして言えるでしょうか。

「自然界に存在する放射性核種と人工放射性核種が放射線を出す原理、起こすことは同じではないか」という専門家もいますが、人工放射性核種にはある特殊性があります。どういうところが違うのか。12月に出た『ミツバチ大量死は警告する』（岡田幹治著、集英社）という本に書かれています。ミツバチが大量に死ぬことが世界中で起こっている、そのことが人間にも関係していることが、この本の中で書かれているのです。また『胎児の複合汚染』（中央公論新書）を書いた森千里さんは、アメリカの保健省から帰ってこられた方ですが、2002年に出たこの本の中で森さんは、アメリカでは1990年代より少し前から、それまでは考えられなかった先天性異常が内分泌系、神経系にも出てきた、しかも7歳くらいまでで、いろんな異常を合わせると7～8パーセントに上るので、アメリカ保健省がその原因追究に力を注いでいる、と書いていました。ある時代以前には、そういうことはなかった。遺伝性の障害や薬による副作用だとわかる事例をどんどん除いていっても、なお原因がわからないものが増えている。アメリカ保健省は、その原因を環境化学物質等、それまでの世界にはなかったものによる影響だと考えている、と森さんは書いています。それと同じことを、岡田幹治さんがこの12月に出た『ミツバチ大量死は警告する』の中で書いています。しかし放射線のことは触れていません。しかし、環境ホルモンの怖さがすでに放射能に現れていたということは、雑誌『世界』の1998年号に載った「有毒化学物質の真の危機とは何か」の中で取り上げられています。環境ホルモンの問題よりも放射能の問題、人工放射性核種が起こす問題の方が実は時代的には古いのです。微量であっても人間や人間以外の被造物にすでに問題が現れていたということになるわけです。2000年に私が書いた文章の中で、そのことを指摘しています。「想定外」ということが、東海村事故の際にも何度も言われたけれども、「それは想定外ではない」ということを書いたのです。この「想定外」ということが今回の事故で、またまるで初めてかのように言われ、用いられていることに悲しくなり、考えさせられています。

2．ICRP

次に、ＩＣＲＰの問題について述べます。福島の事故後、ＩＣＲＰという言葉を耳にされる機会が増えたと思います。国際放射線防護委員会の略です。放射線に対する防護を考える委員会で、これができた経緯、歴史的経過については市川さんによって説明されています。微量でも放射線には害があることを最初に発見したのは、１９２７年、マラーという遺伝学者がショウジョウバエを使った実験によってでした。彼は後にノーベル賞を受けています。その後、彼は戦後の委員会に取り込まれていきます。ＩＣＲＰは１９２８年に初めて、放射線を扱う医者、学者たちを守るための許容値を決めました。その後、放射線の怖さがわかってきて、どんどん許容値は下げられていきます（資料1参照）。50年代、「基準運用の原則」の文章が付加されるようになります。市川さんの文章から引用します。

ところが低線量や微量線量の影響がもっと詳しくわかってきたこの年以降、勧告値が下げられるのが止まってしまった。本当に不思議な現象なのですが、これは原子力の商業利用が始まったからなのです。その後、ＩＣＲＰの姿勢の後退が始まります。「許容値は可能な限り低く、実行はできるだけ低く」、ここでまず許容値が弱められていますが、その後さらに、「経済的及び社会的考慮も計算に入れて」という文章が入れられます。その後、さらに、「合理的に達成できるだけ低く」という文章に変えられます。つまり、ごく小さい微量線量の影響がわかるにつれて、当然なされるはずの勧告値の切り下げがなされなくなったばかりか、その勧告値の規制がどんどんゆるめられていったわけです。この逆行現象は明らかに１９５０年代後半から始まった原子力の商業利用と関係しているのです。

放射線の許容値を決めることに、経済的要因や社会的要因が関係しているということはこれでよくわかりますね。この本は、市川先生が授業で話されたことをそのまま、ですます調で書かれた読みやすい文体です。丹念に読みますと、何を先生が強調したいか、どこに力点をおかれているかがわかります。

しかしなお、この本だけではわかりにくい部分があります。それは原子力の商業利用が始まるあたりで、どうしてこのようになっていってしまったのかということです。それについて詳しく書かれているのが『放射線被曝の歴史』（明石書店、２０１１年）。中川保雄という阪大の先

年 次	職業人基準	一般人基準	基準運用の原則
1931	0.2R ／日		
1936	50R ／年		
1948	25R ／年		
1954	15rem ／年	1.5rem ／年	可能な最低限のレベルに （To the lowest possible level）
1958	5rem ／年	0.5rem ／年	実行できるだけ低く （as low as practicable：ALAP）
1965			経済的および社会的考慮も計算に入れて、 容易に達成できるだけ低く （as low as readily achievable：ALARA）
1973			経済的および社会的考慮も計算に入れて、 合理的に達成できるだけ低く （as low as reasonably achievable：ALARA-2）
1987		0.1rem ／ （1mSv）	経済的および社会的考慮も計算に入れて、 合理的に達成できるだけ低く （as low as reasonably achievable：ALARA-2）

資料1　ICRP 勧告の被曝線量限度の変遷

生が書いた本ですが、あまり取り上げられず、著者も亡くなり、絶版になっていました。しかし、今回、再版され、私はこんな本を書かれていた先生がいたんだなと感激しました。この先生が書かれているのは、原爆開発に携わった人たちがその後にＩＣＲＰの中に入り込んできて、最初に危険を指摘したマラーをうまく自分たちの委員会の中に取り込んでしまい、ものを言えなくしてしまったという歴史です。ですから、大事なことは、ＩＣＲＰ、すなわち現在の許容値を出す団体がどういう団体かを、よく考えておかなければならないということです。

１９５４年、一般人の許容線量を規

定することを聞いたシュヴァイツァー博士が「誰が彼らに被曝させることを許容したのか」と言いました。博士はオルガニストであり、医者であり、同時に神学者でありました。彼は「ここまでは許容してもいいと言えるのは神様だけではないか」。そういうことをここで言っている。クリスチャンである私たちはその点を見ておきたいと思います。しかし、このＩＣＲＰですら、今は、放射線は、しきい値以下でも0になるまで影響があり続ける、直線で影響を及ぼすという立場をとっています。先にお話ししましたように、微量放射線によって起こる晩発性障害は確率的障害ですから、浴びても何ともないという人がいても不思議ではない。しかしある人数を集めると必ず浴びた量に比例して害を帯びている人たちがいるということです。そのことを晩発性障害の中で考えておかねばなりません。しかも、ＩＣＲＰ勧告は内部被曝を考慮していません。

3. 原発と日本

最後に、日本に原発を作ることの無謀さを述べます。日本には地震があります。神戸大学の地震学者の石橋克彦先生は『原発震災――警鐘の軌跡』（七つ森書館。２０１２年）で世界の地震発生地と原発の分布図を重ねた地図を紹介しています（資料2参照）。この先生のことは、私より関西にいる皆さんの方がご存じだと思います。単に地震の視点からだけでなく、広い視点から物事をお考えの方です。この地図は、１９９０年から２０１１年までの間に深さ１００キロ以下のところでマグニチュード4以上の地震が起こった場所をプロットしたものと、世界中の原発がある場所をプロットしたものを重ねた地図です。何が言いたいか。日本は真っ黒です。四つのプレート、太平洋プレート、オホーツク海プレート、フィリピン海プレート、アムールプレートが複雑に重なりあっているのが日本列島です。地震はそういうところで起こる。今では誰でも知っているプレートテクトニクス理論ですが、この理論が周知されるようになったのは60年代後半から70年代で、それまでは巨大地震がなぜ起きるのかよくわからなかった。地下のナマズが起こすのだとか、関東大震災の時は天罰だとか言われた。１９６０年代後半にプレート理論が出てきて初めて、地震はどういう理屈で起こるかが科学的にわかってきたのです。

日本はこのような国土に原子力発電所を作ろうとしてきました。中曽根さんは１９５４年に初めて原子力予算をとった人です。その額は2億3千5百万円、ウラン２３５という原子番号の語呂合わせだった告白しています。１９５７年に初めて『原子力白書』が出されましたが、１９６４年の白書では原子炉立地審査の指針を上げています。寒川旭先生という地震考古学の先生が、著書の中で、６７９年以降に日本で起こった大地震を、いろんな文献から数えられる限り一覧表にしています。それを見ますと、地震が周期的に起こっていることがわかる。そこで大事な、というよりむしろ怖いと感じたのは、中曽根さんや正力松太郎さんたちが中心にな

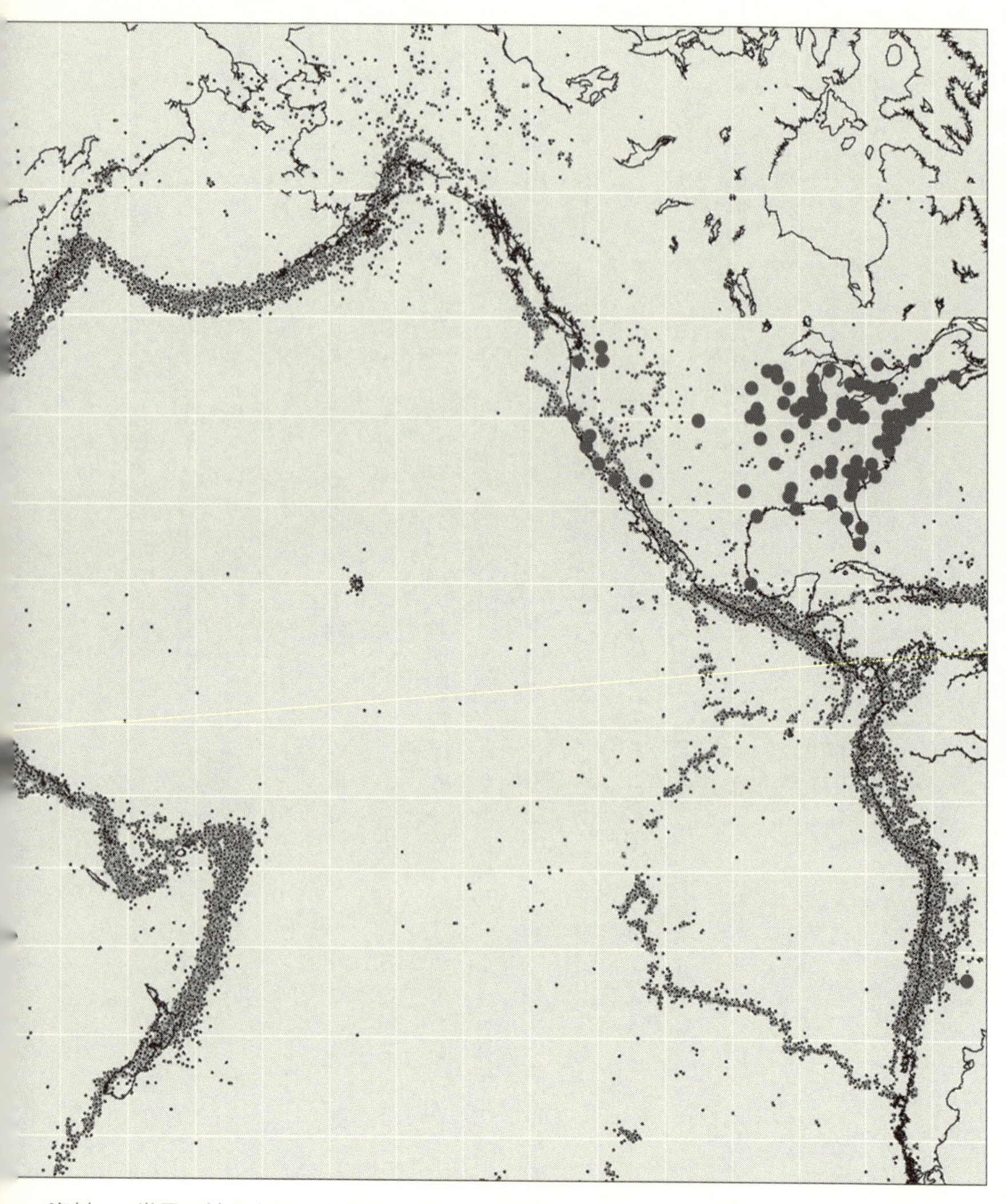

資料 2　世界の地震と原子力発電所の分布
小さな点は 1990 年 1 月から 2011 年 6 月までのマグニチュード 4.0 以上、深さ 100 キロ以下の地震 17 万 7107 個の震央を、米国地質調査所の PDE データによってプロットしたもの（データ提供：USGS NEIC、作図：原田智也）。大きな点は、2010 年 1 月現在の世界の原子力発電所（原子力資料情報室『原子力市民年鑑 2010』による）。石橋克彦著『原発震災』（七つ森書館、2012 年）より。

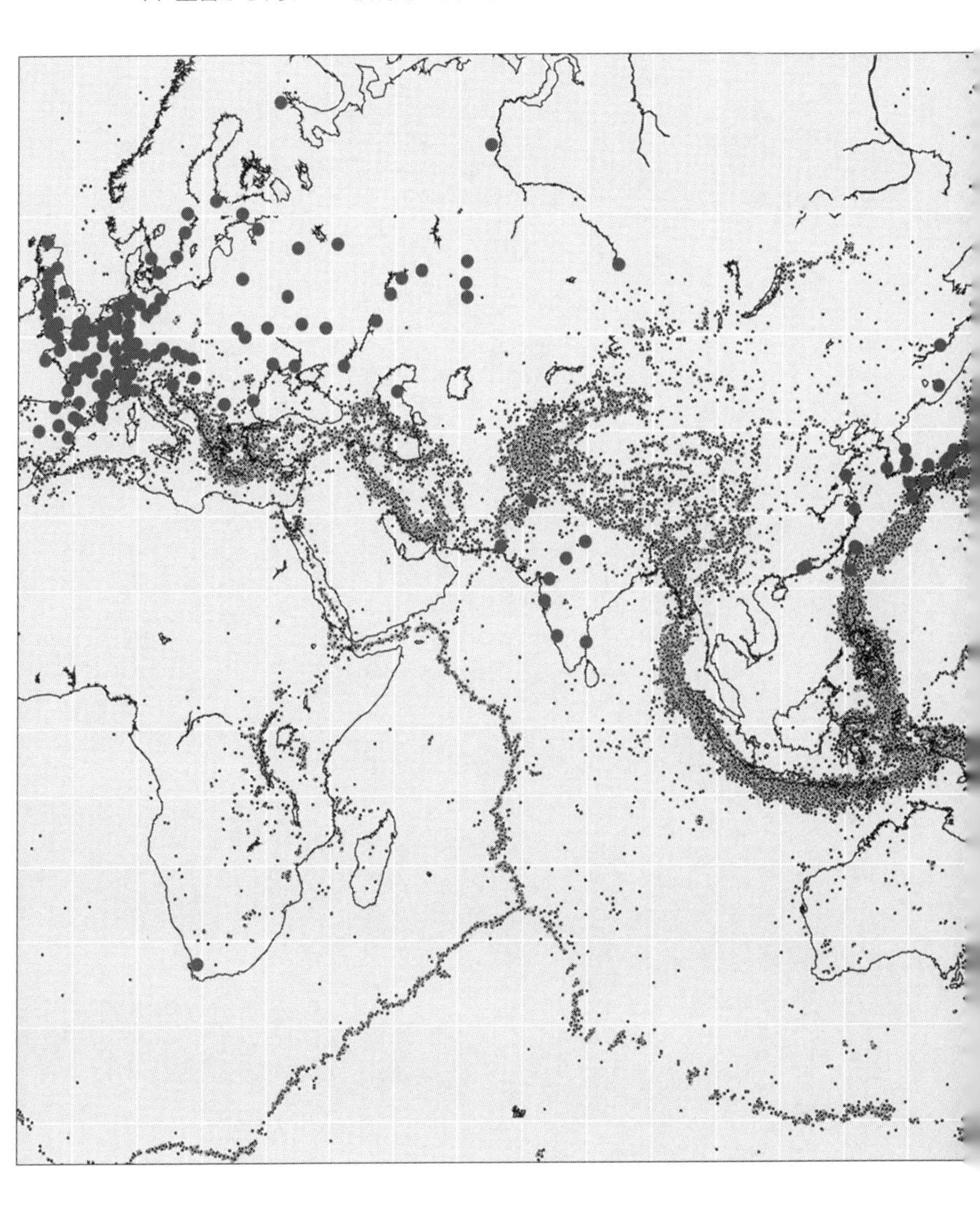

って日本で原子力発電所をつくろうと考え、動き出した1960年代、70年代は、石橋さんたち地震学者によると、地震が小康状態にあり、地震が少なかった時代なのだそうです。その時期に原子力発電所を作るか否かが国会で議論され、10年、15年かけて計画、建設、完成されていったわけです。1995年の阪神・淡路大震災以降、日本は地震の活発な時期に入ってきているそうです。クリスチャンなら、なぜ神様はこのようなことをさせられたのだろうかと考えてしまいますね。ただ、神様に責任を押しつけるのではなく、この歴史の中に深い意味を読み取る作業が必要だと思います。

原発は世界中にあるじゃないかと思うかもしれません。しかし、この地図を見てください。フランス、アメリカ、ソ連、原発はどこに建っているでしょうか。地震の起こっている黒い所と重なっているでしょうか。他の国の原発はほとんど重なっていない。アメリカの西海岸は若干重なっていますが、今、原発をやめる方向で進んでいます。アメリカでは1970年代から活断層の場所を推測して、そこの立地を避ける法律ができています。日本では1960年代以来、考えられてこなかった。原発裁判で地震のことが裁判に入ってくるのは1990年代後半からです。それまでは、原発を作る側の人たちは地震についてのこの特殊な状況をあまり考えていなかった。確かに、原発を作る場所はこういう所でないといけないと決めました。1964年の原子力白書には、こういうわけのわからない文章が二つ出てきます。「原則として大きな事故の誘因となるような事象が過去においてなかったことはもちろんであるが、将来においてもあるとは考えられないこと、また、災害を拡大するような事象も少ないこと」。さらに「重大事故を超えるような技術的見地から起こるとは考えられない事故（以下「仮想事故」という。例えば、重大事故を想定する際には効果を期待した安全防護施設のうちのいくつかが動作しないと仮想し、それに相当する放射性物質の放散を仮想するもの）の発生を仮想しても、周辺の公衆に著しい放射線災害を与えないこと」。重大事故を仮想し、しかし起こるとは考えられないとして仮想事故と想定している。こういうことをやっているんですね。最初に原発を作ろうとした時に「こういうところに建ててはだめです」と言ったことからすれば、今回、福島で起こったことを踏まえて地震国日本の原発はすべてを止めなければならないのです。保安院は「これからはどこの原発も津波がくることを想定しなさい。そのための準備を用意しなさい」と一斉に言いました。良識ある人たちは、そういうことを想定しなさい。全部止めなければならないのに、と批判しています。そういうことを言うのはおかしい、全部止めなければならないのに、と批判しています。そういうことが世の中で、マスメディアで、もっと取り上げられなければならないと思います。

聖書から見えてくるもの

さて聖書から見えてくるものは、何でしょうか。まず創世記11章のバベルの塔の物語から学びます。神の介入ということが記されている箇所です。今回の事故が起こる前まではバベルの塔の物語は、どう読まれていたでしょう。「ああ、天まで届かせる塔を建てようとした、つまり、人間が神様の領域に入っていく罪の問題だ。それを神は、よしとされなかった。そこで工事を中断させられた。しかし言葉をばらばらにされて世界中に散らされた」。これはどういう意味か。信仰歴の長い方はこのことが使徒言行録にペンテコステにおいて「言葉はばらばらだけれども、イエス・キリストという福音の内容において、また一つに戻るという方向をたどっている」と説教で語られることを知っておられる箇所です。しかし以前から原発の問題をお話しする時、また礼拝で、自然や科学技術について聖書が関係する箇所で話す時には、こういうことを言っております。バベルの塔建設への神の介入は、「自分と同じところに上がってこようとするのか、そんなことやめさせてやる」という神の嫌がらせの出来事なのか。決してそうではない。あのままあの建設を続けていたらもっと大きな被害が人間に及んだ。そのことを止めてくださった、神の恵みの介入と捉えなければならないのではないか、と。

今回、「想定外」ということが繰り返し言われました。しかし、それはすでに15年前に起こった東海村の事故の際に何度も使われた言葉なのです。この東海村事故の後で書いた文章の中でも言いましたが、今回も同じことを、さらに力を込めて言いたいと思います。「ここで気づいて放射能、核分裂の利用をやめるかどうかかが問われている。ここでやめなければどうなるか。もっと大きな事故が起こるだろう。そして、そこで気づくかもしれない。しかしその時はもっと被害が大きくなっていよう」、と。

5年前、ドナルド・マッキムという改革派の神学者が日本に来られました。私はその時、創造論に関して応答するよう言われていまして、そのやり取りの最後に、「先生は原発をどう思われますか？」と質問しました。先生は「もちろんよくないと思います」と言われましたが、そこまででした。それ以上具体的にどうすべきだといったことは言われないだろうなと予想していましたが、やはりそうでした。その時私は、「私もよくないと思います。でも日本の場合、もういっぺん事故が起こらないと、良くないことがわからないのではないかと思います」と言ったのです。そして福島が起こった。複雑な思いです。私もああいう発言だけで終えてしまったことに対して、今となって自分を責める思いです。しかしそれは、すべてのことを差し置いてなにがなんでも原発廃絶運動をしなければならなかった、ということでもありません。チェルノブイリ後、活発な運動が起こりましたし、にもかかわらず今回の事態が起きてしまったということ。もちろん、廃絶の運動は大事です。しかしさらに聖書的、信仰的に考えなければならないことがあると思わされています。

この箇所でもう一つ取り上げておきたいことは、神が言葉をばらばらにして人間を世界中に散らされたこと。一致、協力、一つになることはいいことだと普通教えられます。ですから、ここを読むと、せっかく人間が一つに集まって協力して取り組みだしたのに、それをばらばらにすることはどういうことか、と思うかもしれません。しかし一つになる、一致することそれ自体はニュートラルです。それには価値判断は含まれていません。悪いことで一つになったら、とんでもないことになる。エネルギー問題も拡散させることはバベルの塔の後半の内容から言うと、そういうことがあてはまっています。大きな発電量の原発で発電して、それを減衰させながら遠くに運ぶのは効率が悪い。そこで、いろんな仕方で電力を作りだし、有効利用して、熱や電気を使っていく。天国ではないこの世、人間が罪を犯しやすいこの世においては多様であることの方がいい場合も多いのです。このバベルの塔から教えられることは、発電にも当てはまるのです。

二つ目。チェルノブイリ事故が起こった時に頭に浮かんだ聖書の言葉は、ローマの信徒への手紙8章22節の「被造物のうめき」の箇所です。この時にイメージしたことは何か。原子という、被造物の基本の基本である存在。その涙を人間が利用しているのではないか、そういうイメージを浮かべました。核エネルギーの利用とは、人間が原子に無理やり中性子を当て、それによって不安定になった原子が安定になろうとして分裂するときに放出するエネルギーを利用しようとすることです。人間は自分の手で膨大なエネルギーを作り出せた。しかし、皮肉なことに、その時には思いもしなかった副作用に、今、人間は悩まされているわけです。人間以外の被造物は神の子たちが現れるのを待ち望んでいる。このロマ書8章に出てくる言葉をどう考えたらいいのか。そのことが私たちキリスト者に問われているのではないかと思いました。

三点目に挙げたいのは、使徒言行録24章25節です。ここには、総督フェリクスが興味半分でパウロに意見を求めたことが記されています。その彼に対してパウロにしては珍しく厳しい内容で語っています。フェリクスはそれを聞いて恐ろしくなって、「またの機会にする」と言ってその場を閉じました。ここには、「パウロは正義や節制や来るべき裁きについて語った」と書かれています。この中の「節制」という言葉は、自分自身を支配する、自制心に富むというギリシャ語ですが、私たちが節制する、節約することも含み入れていい内容でしょう。他の被造物から収奪して生み出す算段ばかりしていてはならないと思います。また、テレビのニュースを見ていても、「放射線は命に危ない」というニュースを流したそのすぐ後のニュースで、「電気料金が上がる」というニュースを続けて平気で流している。どちらも確かに不安かもしれません。しかし、電気代が上がる不安と、命の不安を同じ天秤に載せてほしくないと思います。どちらも不安で、どうなるんだろうと思うかもしれない。しかし、同じ天秤の右と左に載せて量る問題では全然ない。マスコミももっと確たる思想を持って報道にあたってほしいものです。私は、「電気と食べ物は両方とも高いものだと思わなければならない」とお話ししています。「安く手に入る、だから大量に食べる、使うと思ったらだめ」と話をしています。食べ物は質の良いものを必要なだけ摂るものだと思います。電気も同じ。湯水のように使うものではありません。昨日の姜先生の話の中でも、「ドイツでは部屋が暗い」と言われていました。日本は明る過ぎます。ですから、私たちも無駄な電力を使わないためにできることをしていくことが大切だと思います。そういう意味では、「節電という発電」ということをお話ししています。私の家では、チェルノブイリ事故以来、自分のいない部屋の電気は全部消すことを徹底してきています。廊下も通る時だけつけます。子どもたちが外に出て行ったので電気の基本のワット数も下げました。節電することは発電が少なくてすむことに貢献しているわけですから、先に言いましたように、「節電という発電」に協力していることになります。これは本当に皆、やらないといけないと思っています。「原発反対運動をするのも大事。しかし、同時に家庭で節電に本気で取り組むことも大事」だと考えています。

四つ目は、エレミヤ書25章。２０１１年3月15日、16日あたりに、原発事故による放射性核種が各地に流れているという報道がいよいよ本格的になされ出しました。次の日に祈祷会をしました。ずっとエレミヤ書を読んできていましたが、この日はエレミヤ書の25章でした。この箇所がどうしてこの日にあたったのかと思わずにはおれませんでした。正直、どきどきしました。神様がエレミヤを通してユダ王国の人々に言います。「二十三年の間、主の言葉はわたしに臨み、わたしは倦むことなく語り聞かせたのに、お前たちは従わなかった」と。チェノルブイリから25年後の福島の事故です。「お前たちの手が造った物でわたしを怒らせるならば、わたしはお前たちに災いをくだす」と6節に出てきます。そして9節、ユダの地は荒らされ、人々はバビロンの地に連れて行かれます。バビロン捕囚ですね。「そこは人の驚くところ、嘲るところ、とこしえの廃虚となる」「わたしは、そこから喜びの声、祝いの声、花婿の声、花嫁の声、挽き臼の音、ともしびの光を絶えさせる」「この地は全く廃墟となり、人の驚くところとなる。これらの民はバビロンの王に七十年の間仕える」。こういう箇所を読むことになったのが3月16日でありました。重い思いで読まざるをえなかったです。神様が旧約の民に語られたことの背後には、彼らが長年神様に背いてきたことの罪が関係しています。しかし、今度の地震で福島の人たちの罪を考えるなんてことは誰もしないでしょう。私もしません。しかし聖書は、それを読んでいく中で、人間の罪、私たち自身の罪について深く考えさせられるようになる書物です。そんなに簡単に、直接的に、誰それの罪だ、などというために読むものではありません。しかし、もっと深いところで人間の罪、自分の罪を考えなさい、と言われているとも思わされたのです。

人間は自らが蒔いた種の収穫を刈り取らなければならない、と聖書には何度も出てきます。エレミヤ書37章2節に、「王も家来も国の民も、主が預言者エレミヤによって告げられた主の言葉に聞き従わなかった」とあります。ここで強調したいのは、バビロン捕囚となったのは王の責任だけではなく、家来も国の民にも責任があるのだということが、聖書の中では預言書で繰り返し語られているということです。今はサムエル記、列王記を祈祷会で読んでいます。旧約聖書では、神様はまず指導者である王に対して厳しいですね。しかし、「人々を誤って導いた王だけが神様から責められているかというとそうではなく、必ずどこかで民も含めて責められています」、と祈祷会でよく言います。書いてあることだけでなく、「王がやったことだけ書かれているけれども、民もそれを一緒になって喜んでいただろうと思う節がありますね」と、イスラエルの状況を考える中で確認しあいます。聖書は指導者、為政者だけの問題だけではなく、そのことを許してしまった私たち民の側の問題も指摘しています。

「これらの民はバビロンの王に七十年の間仕える」。実際には約50年ですが、聖書は70というシンボル的数字をあげています。これを考えるにあたって、レビ記26章35節、「土地は、打ち捨てられている間、あなたたちがかつて住んでいたころには得られなかった安息を得る」をあげておきます。旧約聖書にはこういう箇所もあるのです。『希望の神学』で有名なモルトマンですが、彼が２０１０年に書いた倫理の本の中で、自然の問題、科学の問題を取り上げています。人間以外のものとの関係について、聖書の読み直しが必要とされていると思います。

これらレビ記の箇所から考えさせられるのは、被造物、土地にとって安息を得るとはどういうことなのかということです。人間だけではなく、被造物もロマ書のように現実に苦しみの中に置かれていることを考えなければならないと思います。安息ということを聖書が書く時、70年間の持つ意味は何なのかを考えます。70年間辛い中に置かれるということだけではなく、その70年間があるものにとっては回復の時が与えられるということなのだ、ということも考えておかなければならないのではないかと思っています。神様は、私たちの考えを超えたところで、自然の回復も考えておられる。そういうことも一つ考えられるだろうと思います。

続いて、創世記１章の捉え直しについてです。ドイツでは、チェルノブイリ事故の前の１９７０年頃から、聖書、特に創世記の読み直しが始まっています。私が触発されたのはヴェスターマンという旧約学者です。それ以外にも被造物の保全に関する倫理学の本がいろいろ出ました。創世記１章には、「地は生み出す」とあります。水も地が生み出したもの、として出てきます。「水の中にも満ちあふれる」といった表現も出てきます。地が生み出す、生きる空間としての天地、水。創世記１章の天は空を表します。水は海です。生きる空間としての三次元の世界です。

創世記1章で、「地が生み出す」と表現しているところがある。それをどう捉え直すかが大事になってきていると思います。ギリシャ神話の女神、地母神から生まれたガイアという思想があります。生きた巨大な生態系として地球を考える思想です。ガイア思想はキリスト教からすると違うなと考えたこともありました。地球自体が神に代わって生み出す力を持つ、生きた聖なる存在として持ち上げられたりすることがあったからです。世の中の人にとってそれは面白いかもしれないが、クリスチャンから言うと地球は神ではありません。生み出すと言っても神ではない。神様こそがすべてを生み出す唯一の存在ですから、ガイア思想はうさん臭いなと思っていました。しかし、モルトマンは、こういうことを指摘しています。「そうではない。ガイア思想が出てきてクリスチャンが考えないといけないことは、我々人間もまた『(赤ちゃんを) 生み出す』存在であるのと同様に、地球全体もまた総体として、神様に用いられて、いろいろな被造物を『生み出す』という面を持っているということだ」、と問題提起をしています。個々の被造物の命だけでなく、個々の被造物を生み出している存在としての地球の命のことも考えなければならないということです。キリスト者が聖書を読んで、地球をそのように大事に扱うことができる思想を持っていたか。人が地球を汚し、そこから収奪し、地球全体の命を弱めることをくい止めるような思想を、これまで聖書から読み取っていたか。「地が、水が、生み出す」、と聖書が表現しているということを、今一度考え直さなければならないのではないでしょうか。

さて、創造の6日目に人間が造られたことの意味は何でしょう。創世記1章の理解について、少し前までの神学では、人間が神に似せて造られたことが強調されていました。すなわち、被造物を支配し、管理する存在だから、最後に被造物の頂点として造られたのだ、聖書はそれを表していると言われていました。人間は「被造物の冠だ」と言われてきました。しかし、20世紀の後半に入って、ヨーロッパのキリスト教界でも、創世記を読み直さないといけないと言われて取り組まれてきました。日本でも、よく知られた知識人たちが、「キリスト教、聖書の思想が、現在の地球環境を汚す原因である」といったことを発言されることがこれまでにもありました。もう20年近く前に、朝日新聞紙上で、有名なある思想家がそういった論を述べたことに対して、加藤周一さんや科学思想史の村上陽一郎さんらが、「その理解はおかしい」と応答した記事が載り、興味深く読んだことを覚えています。どうしてそんなに単純にキリスト教を環境破壊の原因にするのかなと思うわけですが、しかし確かに従来のキリスト教神学には、今お話ししたような、人間を被造物の頂点と考え、そこから、被造世界を思うがままに、つまり人間に都合のいいように改変し、収奪してもいいという思想につながった面のあることは否定できないと思います。加藤周一さんは、「そういうことは、歴史上、キリスト教国だけが行ったことではない」と返されたのですが。しかし、特に20世紀後半、第二次大戦後のヨーロッパにおいて、聖書、特に創世記の読み直しが始まりました。その中で、人間は確かに「支配し、管理しなさい」と神から言われているが、同時に考えるべきことは、人間がようやく6日目に造られたということです。6日目までに造られたものがなければ、人間は生きていけません。人間は他の生物、被造物の仲間の一員であるということ、そういったことを読み取らなければいけないということが指摘され始めたのです。人間の特殊性、特権性だけではなく、つまり、世界にある他の存在と違う点を読み取ろうとするだけでなく、神が創造したこの世界の別な存在者と共通するものも考えなければならないということです。キリスト者が気づいていないのに、キリスト者でない方たちが気づいて、「確かにそれは聖書が語っていることだ」と気づかされることがありますし、それはあっていいのです。キリスト者ができていないのに、キリスト者でない人がやっている姿を見て、「聖書は告げているのに、我々はやっていなかったな」と気づかされることがあります。科学の問題も同じだと思います。

創世記1章27節に、「神は御自分にかたどって人を創造された。……男と女に創造された」とあります。従来の神学ではここを手がかりに男と女の問題を集中して論じてきました。しかしヴェスターマンは違います。「ここは男と女の問題を考える箇所ではない、むしろ世界を考える時の基本形とすべき箇所だ。神は人間をただ造ったのではなく、男と女に造った、すなわち、異なる複数の存在として造ったと表現している。異なる存在である男と女が共に協力して生きて初めて人間だと言われている。神が創造した人間とはそういうものなのだ」と。これはもう男と女の問題だけではなく、異なる存在が共に生きていくという問題に関係しているのであり、その基本がこの27節で示されているのです。結婚して二人で共同生活を始める。次に子どもができて家庭生活に広がり、さらには地域の人々との交わり、会社や学校での異なる人々との生活、国家、さらには国々が集まって作る世界、そしてついには人間と他の被造物が共に作る世界。そういう営みの基本形がこの27節で語られている。そのように、自分と異なるものと共に造られて、それらがうまくやっていける時に神はよしとされる。そういうことをこの箇所から聞かなければならない。これがヴェスターマンが主張している大事な点です。

展望と課題

空間的にも時間的にも、これから、より高い倫理観が求められる時代だと思います。宇宙船地球号という、１９６０年代に言われた表現がよくあてはまる時代が、今、まさに訪れています。空間的な意味では、もはや国同士で「おらが国が」と争っている時代ではありません。安倍さんはベトナム、インド、トルコなどに一生懸命原発を売ろうとしています。もし売った時にそこで生じてくる問題は少なくありません。トルコなどは地震国であり、そこでもし日本が売った原発が事故を起こした時の賠償を誰がするのかなど、深刻な問題が十分に知らされ論じられてはいません。

しかし、私はピンチがチャンス、危機が新たな将来につながる可能性があるかもしれないとも思っています。日本語の「危機」という漢字にフランスやアメリカの神学者や思想家が注目して、こんなことを言っています。「危機」という言葉は、「危」ないという意味と同時に新しい「機」会という意味を持つ漢字からなっている、非常に深い、と。

年末、衛星放送で「原発フェンスを歩く」という番組をやっていました。日本中のいろいろな所にある原発を訪ね、そこを取り巻いているフェンスを歩くのです。その映像を続けて全部放映していました。見ているうちに何か違和感を覚えてくる。なぜかと考えてみました。どの原発に行っても地元の人たちが言うことは同じなのです。「原発はほしくない、しかし原発で地元が支えられていると思うと、そう簡単にほしくないとは言えない」。この二つの表現が、どこでも共通して語られていました。最初はその通りだなと思いながら聞いていました。「地元の人たちの思いは、遠く離れて生きている私たちにはわからないのだ。きっと、私たちにわからないことがたくさんあるのだろう。だから、このように言うこともわかってあげないといけないのだ」と。しかし、ふと、そうではない時代に入り出しているではないか、と考え始めました。「地元」とはどこを指すのでしょうか。原発の被害を受ける人たちの地元はどこまでを考えればいいのでしょうか。ステイクホルダーとは「利害関係者」と訳される言葉で、原発裁判問題でも使われます。アメリカやカナダでは「自分はそうだ」と思った人は全部ステイクホルダーに入るそうです。いわゆる「地元」の人だけではない。「この問題に自分は関係している」と思った人は全部ステイクホルダーに入るのだそうです。チェルノブイリ事故が起こった時と今回の福島事故が起こった時とでは、一つ違っていなければならないはずのことがある。それは、チェルノブイリ事故後に及んだ世界中への放射線核種の影響をすでに知っている私たちにとって、この問題はいわゆる「地元」の人たちだけが関係する問題ではないということです。もっと広い範囲、世界全部に害が及ぶような問題に私たちは関わっている、関わらされているということです。「地元」の人たちの生活が苦しくなるという弁を聞いて、それじゃあやはり原発の稼働も仕方ないのかと考える論の展開はやはりおかしいのです。被害の及ぶ地元は全世界を考えるべきであり、さらには将来の世界まで考えなければならない問題、それが放射能の問題です。そのことに気づいたところから始まる倫理、すなわち、空間的にだけでなく、時間的な概念も入れた倫理を考えなければならない時代に入っているのだと思います。

ドイツ語で脱原発を表す言葉の「脱」は、乗り物から「降りる」ということを意味している言葉です。先に紹介した綿貫礼子さんが、『放射能汚染が未来世代に及ぼすもの』の中でこのことについて触れ、「今、原子力を兵器にもエネルギーにも使わず、それから降りることを喜びをもって選びとるような価値観、意識の変化が求められているのではないか」と指摘しています。先に言ったように、食べ物や電気は特にそうです。贅沢をする、食べたいだけ食べ、使いたいだけ使えるのがいいこと、うらやましいことなのではなく、添加物や合成着色料、保存料などを使ってまで食べるというのではなく、自然のものを本当に必要なだけ食べる。電気もそう。必要以上に食べ、使う生活から「降りる」、そういうことの大切さがわかってくる中で、あえて喜んでそのような生活を選び取っていく。今はそういう次の世界の時代に移っていく過渡期なのだと私は理解しています。

これからのキリスト者として

まとめです。期待されているキリスト者とは何でしょうか。

富阪キリスト教センターの「自然・科学技術・人間」研究会Ⅰに参加しておられた高木仁三郎さんが、原発問題について、「私はキリスト者に期待しています」と言っておられたそうです。なぜでしょうか。「キリスト者は聖書を読んで、終わりの日に神の裁きの前に立たねばならないことを知って今を生きている人たちだから」とおっしゃっていたそうです。私たちキリスト者にとって重い言葉だと思います。

最後に触れておきたい聖書の箇所として、ガラテヤ書6章7節〜10節を挙げておきます。特にキリスト者にとっては大事な聖句ではないかと思います。「思い違いをしてはいけません。神は、人から侮られることはありません。人は自分の蒔いたものを、また刈り取ることになるのです」「たゆまず善を行いましょう。飽きずに励んでいれば、時が来て、実を刈り取ることになります」「ですから、今、時のある間に、すべての人に対して、特に信仰によって家族になった人々に対して、善を行いましょう」。最後の内容は教会の仲間内でのことが考えられています。その通りです。しかしその前に「すべての人々に対して」と書かれていることを忘れてはなりません。信仰者と信仰者でない者との違いは、福音を知らされ、それを一足早く受け入れて生きているかどうかの違いだけです。私たちは先に福音を知らされた者として、旅の恥はかき捨てではなく、天国が用意されていることを考えながらこの世を生きる者らしく生きなければならないと思います。

以下の表明文は、私も委員の一人である日本キリスト教会の大会常置委員会が2012年2月17日に出したものです。これは、4月からすべての原発が止まり、そして、いずれまた再稼働するかどうかが問題となる時が来る、そのことを考えて出したものです。そのような時期に、倫理的な観点から教会が言うべきことを言わねばならない、ということで出したものです。今日、お話ししたすべてのことが含まれていると思いますので、最後に読ませてもらいます。

「原子力発電についての私たちの見解」

20世紀半ば以降、原子力の平和利用が叫ばれ、特に電力の分野での利用が進められてきましたが、１９７９年に起こったスリーマイル島原子力発電所事故、１９８６年に起こったチェルノブイリ原子力発電所事故、そして今回の福島原子力発電所事故と事故が続いて起きた中で、今私たちは、これからもなお電力を生み出すために核エネルギーを利用するのかどうかが問われています。この問題に対して私たちは以下のように考えます。

福島原子力発電所の事故によって引き起こされた放射能の汚染によって、多くの人々が生活していた場所から離れることを余儀なくされました。また、地元の人々だけでなく世界中の人々、さらには人間以外の被造物すべてが今もなお出続けている放射能汚染に曝されています。26年前のチェルノブイリ事故がもたらした放射能汚染のその後の調査結果は、今回の事故によって今後引き起こされる健康への影響がそんなに楽観視できるものではないことを示しています。このような広い範囲に及ぶ深刻な被害を二度と生み出さないためにも、原子力発電所の稼働をできるだけ早く止めることを願うものです。

原子力発電は、人間のエネルギー使用量が増大する中で、人工的に原子を核分裂させることによって発生するエネルギーを利用する新技術として登場しました。しかし、今では核分裂によって生じる放射性核種が生物に甚大な悪影響をもたらすことが明らかになっています。さらに、この核エネルギーを取り出して利用するためには複雑な装置を組み合わせる技術を要し、人間の手で完全に制御することが難しいという根本的な問題を抱えています。

原子力発電は、それを稼働する限り、日々、放射性核種を大気中に放出し続けています。また一度事故が起これば、今回のように、空気中・海水中に大量の放射性核種を放出することになります。事故が起こること自体が「想定外」とされていた今回の事故に、私たちは人間の傲慢さの罪を覚えさせられました。いったん事故が起きれば損失無限大になるような技術を使わない方向に、私たちは、今、方向転換すべきだと考えます。

原子力発電はそこで働く人々の放射能被曝無しには成り立たない発電方法であり、さらには燃料となるウランの採掘現場の労働者およびその周辺の人々をも放射能被曝に曝しています。私たちはこれらの人々の犠牲の上に成り立つ原子力発電をこれ以上続けるべきではなく、今では原子力発電に代わる発電方法も実用化しつつある中で、それらの再生可能エネルギーの開発に力を注ぐべきであると考えます。

また、原子力発電は使用を終えた燃料の処理についても大きな問題を抱えています。何万年にもわたる長期間、使用済み核燃料を安全に管理保管しなければならない問題の責任をいったい誰が負うのでしょうか。保管のための技術はいまだ確立しておらず、管理のための膨大な費用も計上されていない中で原子力発電所を今も稼働させ続けています。これ以上使用済燃料を生み出さないように、出来るだけ早く現在の原子力発電に依存する状態から抜け出すことに取り組み、次世代の人々に対する倫理的責任を果たさなければならないと考えます。

しかし、現在、日本はそれとは反対の方向を取っています。すなわち、使用済み核燃料を再処理してウランとプルトニウムを取り出して再び燃料として使用するために、青森県六ケ所村に再処理工場を建設し、その稼働を目指しています。しかし、核燃料の再処理は原子力発電を上回る複雑な技術工程のために予期せぬ事故が起こり続け、正式稼働開始が延期され続けています。仮に、再処理工場が正式に稼働し出した場合にも、大気中や海水中に出す放射性物質の量は原子力発電所が出す量の比ではなく、また、万一事故が起きた場合に起こる放射能汚染の被害の大きさも甚大なものとなる可能性が指摘されており、私たちは、他の国々が諦めたこの複雑極まりない技術の積み重ねの上に成り立った再処理工場の稼働に強く反対すべきだと考えます。日本政府が、一刻も早く方向転換し、再処理工場稼働に向けて使われている莫大な費用を、被災者の支援と新しい再生エネルギー開発のために回すことを要望します。

さらに、日本政府は、福島原発事故後にも、相手国が求めるからという理由で、ベトナム、インド、トルコなどへの原発の輸出推進の表明をし続けています。福島原発事故による被災者の苦しみや悲しみを思うなら、このような言動は理解できず、日本政府が本気で原発事故の恐ろしさ、および被災者の苦しみを分かろうとしているとは思えません。他国の人々に私たちが経験した同じ苦しみを負わせてはならないことを思い、むしろ原子力発電所建設を思いとどまらせることに取り組むべきではないでしょうか。諸外国に原発を輸出する取り組みをやめ、むしろその非を説くことに努め、再生エネルギー開発に持てる力を注ぐことを日本政府に要望します。

神は、人間が始めたバベルの塔建設を止められました。そこに私たちは、人間が自分の知恵によってさらに建設を続けた先に待っている大災害に対する、これ以上建設を続けるべきではないという神の警告を聞き取るべきではないでしょうか。広島・長崎の原爆による被曝、ビキニ環礁水爆実験による第五福竜丸被曝、さらに今回の福島原発事故を経験した今、日本に生きるキリスト者は、原子力発電に依らない社会への方向転換にできるだけ早く取り組むべきであるとの声を挙げなければならないと考えます。

日本キリスト教会大会常置委員会

2012年2月17日

質疑　脱原発はいかにして可能か

司会者　原発問題に対する聖書的、倫理的、キリスト教的、市民的な視点に関して、みなさんから頂いた質問を以下の三つにまとめさせていただきました。

1．原発稼働の禁止を全世界的なものにする具体的な運動はあるか？
2．核被曝国として核技術の先進国として、核技術の前向きな利用の可能性はあるか？
3．原発神話というパラダイムが壊れた今、科学は中立的でも客観的でもないことを明確にすべきだと思うかどうか？

以上の部分に関して、まとめてお答えをいただければと思います。

上山　では、最初の質問について。あちこちでやっている反原発運動を全世界的な運動にするものはあるのか。私が答えを出すよりは、実際に各地で様々な運動に関わっておられる方に教えていただきたいところですので、もしご存じの方があれば紹介していただければと思います。

反原発運動は一つになるか

さて、これまで世界の首相や元首相が「平和について世界は考えないといけない」と主張し行っている運動はいくつか存在しています。今回は、小泉さんと細川さんが動き出されました。もっともそれが世界的なレベルで原発の問題性を訴えかける運動なのかはわかりませんが。また、9条の会のように、まとまったものができていくことも今後、あるかもしれないなと思います。しかし、原水爆禁止運動でも立場の違いがあって、一つになるよりは分裂することが多かった。福島以後も、それぞれの運動が一つになろうとしていますが、また分裂が生まれてくることもあるので、相当の事故が起こった時でないと、一つの運動にまとまっていかないのではないかと思います。

約60年前、全面核戦争が起きて世界が亡びてしまう小説『渚にて』が、ネビル・シュートによって書かれ、グレゴリー・ペック主演で映画も作られました。北半球で核戦争が起こり、最後に残った南半球のオーストラリアにも核の雲がやって来て最後の時を過ごすという映画でした。とはいえ、ああいう映画のような未来にはならないと思います。最近のSF小説の面白さの一つは、近未来を言い当てるところにありますが、それらに共通している点は未来の私たちがドームの中でしか生きていけないということです。その外は化学物質の雨が降っている。そこでは人間が生きていけないという場面が描かれます。

言いたいことは、核においては、世界がいっぺんに全部死滅するということはないということです。原子力発電所が爆発して東日本がだめになることはあるかもしれない。しかし世界がいっぺんに終わるということはない。実際にはそういうものであることがわかってきたと思います。以前、叫んだように、核戦争が起こって世界が一挙に破滅するという形にはならない。しかしいずれにせよ、生きる生命体が少なくなり、生きる場所が少なくなる。人間はそこで生きるよりほかないという状態になっていく可能性はあると思います。どこかの時点で人々が、もうこれ以上こんなことをやり続けるわけにはいかないということに気づいて、そこで動きだす可能性があるのではないかと思ったりします。もちろん、反対運動に取り組むことが大切である点は変わりませんが。

核技術利用の可能性

二番目、「核被爆国として技術先進国として、核技術の前向きな利用の可能性はないのか？」についてです。

発電に膨大なエネルギーを生み出す核技術を使うという方向で科学技術を生かせないかとい

う質問だとすると、それは無理だと思います。なぜなら、核エネルギーと化学エネルギーは根本的に違うからです。先にお話ししたように、原子の中の原子核の秘めるエネルギーを解放して利用するのが核エネルギーの原理です。原子の中心の原子核と原子表面（電子の軌道）の距離は地上から人工衛星を見るくらい遠く、またその原子核は非常に小さいのです（その小さい核に内包する陽子と中性子を閉じ込めている力が核力で、これが膨大！アインシュタインが発見した$E=mc^2$はこれに関係します）。これまでのあらゆる化学反応によるエネルギー発生は、この衛星軌道にあたる核表面で起こっている出来事で、その生じるエネルギーも原子核で内包しているエネルギーが解き放たれるエネルギーとは桁違いに小さいので、どんな化学的操作を行っても核はびくともしないのです。ですから、放射性核種を変化させる技術はまた原子核を操作する核技術になってくるわけで、それに手を出すことが人間の領域を超えたことだと言っているわけですから、医療への応用などは別として、大きなエネルギーを生み出す「核技術の前向きな取り組み」は無理、危ないということになります。

ここからは、核技術以外の技術の前向きな取り組みについて話させていただきます。下関で中国電力と公開討論会をした当時、三菱重工の風力発電モーターは世界一でした。中国電力の方に「原発を作らなくても、そういう技術を持っているのだから、その方向を進めていけばいいじゃないですか」と言いました。ソーラーパネルもそうです。日本のシャープが世界一の技術を持っていた。しかし国が補助金の制度をやめてしぼんでいってしまった間にヨーロッパや他の国の技術が進んだ歴史もありました。そして福島が起こった。姜先生にこのあたりの社会科学的な、この世の組織の問題はどうなっているかをお聞きしたいなと思っています。昨日、先生からそのことが問題だという話をうかがいましたが、ではどうしたらいいのか、というこれから後のことを、聞かせてほしいと思います。技術は持っているんですよ。日本は高度な技術を生かして、国が率先していこうと思えばできる。電力の問題も、原発がないと足りなくなるというのはおかしい。メディアの問題性、科学そのものの問題性もありますが、それをこうしてしまう社会、政治、制度の問題を姜先生に聞きたいなと思って今回、来ました。

科学の主観性

さて、最後の質問に移ります。「原発安全神話というパラダイムは壊れた、科学は中立的でも客観的でもないことを明確にすべきだ」というご意見に対してです。科学は事実があって、誰が見ても同じじゃないかと思いやすいですが、違うんですね。実験し、データをとり、そこから何かを見いだす時に、観察者がどのデータを意味ありとするか意味なしとするか、実はそういうことによって生じる主観的な部分を科学は含んでいます。科学のそういう主観性は、特にこの20、30年の間に知られるようになってきました。しかし世の中全般ではまだ、科学は誰が見ても中立なことを言っているはずだ、専門家がそう言うのだからそうだろう、と市民は思い込んでしまいやすい。しかし、科学には立場の問題もある。企業側に立つ学者が出してくるデータと、市民側が何を取り上げ何を問題にするかで考えることは違うわけです。科学は主観的なものを含んでいるのだから、そこに市民が介入していって「これを取り上げよう、科学は中立的でも客観的でもないということが問題なんだから、こうするんだ」と考えないといけない。高木仁三郎さんが提唱された大事なことですね。このことが人々の間にもっと広く認識されなければならないと思います。

司会者　これ以外にも「企業はこれだけ原発が危険なことはわかっているのに、なぜ邁進していったのか?」という質問がありました。今のお答えの中にもヒントがあったかと思います。「創世記1章26節、人間に被造物世界を支配させよということに関して、西洋型の考え方として傲慢ではないかという意見があるが、どう思うか？」というご質問もありました。これに関してては創世記の創造神話の見直しで、「支配させよう」の意味がずいぶん変わってきているのではないかと思います。さらに「市民としてできること、キリスト者としてできることは何か。日本の科学者、政治家、官僚、超エリートの人たちに市民的な感覚が欠如している。それに対して我々が市民として、どういうことができるか。社会全体が市民的な感覚を持つにはどうしたらいいか。またキリスト者として何ができるか？」という質問がありました。最後の質問は「姜先生にもお答えいただきたい」と言っています。午後にグループディスカッションの中でお答えいただきたいと思います。

「仕える」人間

上山　「支配する、管理する」というのはモルトマン的に言うと、以前は、一神教的に頂点があって支配が降りていくというイメージでしたが、キリスト教は一神教ではなく、三位一体の神を信じているのだということを考えないといけません。そして人間がその神のあり方を真似る。その考え方が１９７０年代以降、始まりました。頂点があって降りていくという発想は、聖書が本当に言っているものなのかもう一回、聖書の読み直しをしないといけない。「神が、人間に支配・管理させる」という表現はもともとスチュワード＝「仕える」という言葉で、上から支配する、支配をイメージするのではなく、人間は神から管理を託されたというニュアンスです。管理というのも、神に造られた被造物すべてが、そのことを喜んで存在することができるように仕える、そういう管理者だという意味です。聖書が読み直されてきた今、そう捉えられてきていると思います。上からの支配という考え方は、かつては確かに西欧世界の歴史にはあったと思います。責められても仕方がない面がある。核融合も、まさに人間の領域では扱いきれない、管理できないことに手を出そうとしている点が問題なのですが、ましてや「人間がすべての被造物に仕える者と考えているか？」という点から考えたら、大問題だと思います。

司会者　それではフロアの皆さんからご自由にご発言いただければと思います。はなしあいの時間ですので、皆さんからご意見を伺いながら進めたいと思います。

キリスト者のメタノイア

参加者S　今日は、創世記3章については触れられませんでしたが、示唆深いことを言っているなと思います。神様がエデンの中央に植えられた知恵の木の実をアダムとイブが食べたことが罪の始まりだった。神様は自然の奥深くに人間が触れてはいけないものを隠された。人間の歴史はそれを持ちだし続けてきた歴史ではないかと。人間は罪深い生き物であると。石から金属を取り出し、鉄を取り出し、殺し合いをしてきた。石油を、石炭を掘り出して二酸化炭素を増やしたり、あげくの果てに原子力や原子核という奥深くに隠された秘密だったものを取り出してきた。人間はアダム以来そういう生き物だということです。原罪と言えるとすれば、そういうことではないかと。罪からの救いをキリスト教はいうわけですが、イエスの十字架に代表される罪を背負っての苦しみ——福島も、罪ではないのに、大都会の罪であるのに背負わされていくという、贖罪的な苦しみであると思いますが——それと向き合うことで悔い改める、方向転換という意味もありますが、更にその罪によって引き起こされる苦しみに向き合い、悔い改めるということではないかと。それがキリスト教の持っている大きな指針ではないかと思っています。

上山　そのとおりだと思いますね。新共同訳では「善悪の知識の木」、口語訳では「善悪を知る木」と訳されています。普通に読むと、その木の実を食べたら賢くなるのではないかと思ってしまいますし、だから悪くないではないかと思うかもしれません。しかしそうではな

く、善悪を知るとは、神学的には、何が善で何が悪かを人間が判断するようになること、つまり、人間が善悪の決定をするようになってしまうことを意味していると理解しますね。決して賢くなるということではありません。

創世記3章の箇所は、私たちが罪を犯すことになったそもそもの始まりはだれの責任かを探す箇所ではなく、すべての人間は罪を犯すのだということを教えようとしている物語として読まないと、異端的な信仰や教団になってしまう危険があります。言われた通り、私たち人間は神ではないということを、聖書から教えられる。それは、他人や自分を見ているだけでは分かりません。神を見て、神と自分との関係で考えて初めて、神の目から見て正しくないことをしていると悟ることができるのです。その上で、自分の生き方を神の方へ方向転換する。このことを、日本語の聖書で「悔い改め」と訳していますが、「メタノイア」と呼ぶのです。メタノイアは、メタとノエオの二つからなる言葉で、メタは方向を転換する、ノエオは考える、思いめぐらす、認識するという意味ですから、メタノエオは、単に反省するとか悪かったと悔いるだけではなく、それなら自分はこれからどこを見ながら生きる人間になるのか、その焦点を定めることまで含んでいます。

私たちはキリスト者として、聖書を深く読んで「今、起こっている問題に対して、福音は、聖書はこう言っているじゃないか、だから私たちはこうしていこう」と考えなければならないし、そう決意して生きていく人たちに、高木仁三郎さんはキリスト者のあるべき姿を見ておられたのではないでしょうか。

私の属する日本キリスト教会では、社会的なことと福音的なことを、二分化しません。すべて、キリストからどうかと考える。キリストから考えて、これはおかしいということが出てきた時は一致して叫び、取り組むということを、基本的に大事にしています。私たちは信仰云々をすぐにもちだす前に、世の中で起こっていることを、まず神様から与えられた知識と知恵をもって、できる限り正確に把握する。そしてその次に初めて聖書の信仰から見て、どう動くべきかを考える。私は教会の説教でも、そういう形で話せば、教会員は受けとめてくれると思っています。その日の聖書の箇所と関係ないのに、説教者が言いたいからと説教に入れて叫びだすと、教会員は、なんなんだと思います。その姿は健全だと思っています。イデオロギーとか主義を主張するのは教会の場にふさわしくないですから。同時に、本当に聖書のその日の箇所に出てくるときには、具体的問題について語っても教会員は頷いてくれると思っています。単に正義を叫ぶだけでは、キリスト教ではありません。それなら、正義教と名前を変えたらいい。キリスト教会はキリストの救いを説くからキリスト教なのです。正義教と違うところはどこなのか、難しいですが、よく考えて、キリスト教の宣教と教会の形成に真剣に取り組んでいかないといけないし、それはできると思っています。

司会者　最後の質問に対応するようなコメントをいただいたかと思います。本日は、本当に有意義なご講演をいただきました。ありがとうございました。

司会：中村信博（関西セミナーハウス活動センター運営委員、同志社女子大学学芸学部教授）

はなしあい2

キリスト者として、市民として

過去と未来の間で——グループ討議に先立って

司会者　同志社大学神学部の小原克博です。関西セミナーハウス運営委員を務めていまして今回の企画も小久保先生らとともに考え、この日を迎えました。皆さんも2日間で多くのことを学ばれたと思いますが、聞きっぱなしではなく、それを受けて、自ら咀嚼し、対話を通じて深めていこうというのがグループ討議の目的です。対話が大切だということを超えて、対話を楽しんでください。日本にはまだ対話を楽しむ文化が十分に育っていないと思います。今回、お二人の先生を通じて多くの課題が投げかけられました。ここにいる皆さんだけではなく、周りの人々、日本社会に広めていくためには皆さん自身が対話を楽しむ人になり、いろんな人と話をすることが楽しいことであるという体験をぜひ得ていただきたいと願っています。楽しむことが一番ですので、後ほど、より楽しむためのヒントをお二人の先生からいただければと思います。

姜先生からは、パブリックでもプライベートでもなく、コモンを作りあげていこう、という提言がありました。皆さんもご自身の関心をお持ちだと思います。それをバーッとはきだせばスッとする一瞬があります。しかし自説を述べるだけではなく、全体の課題は何かを意識しながら、グループ討論で、どういうことを、どの程度話せばコモンが生まれてくるかを意識していただければと思います。小グループとはいえ1時間くらいですので、言いたいことを短くまとめて共有することによって、自分の中にあるよきもの、サムシング・グッドをコモン・グッドに変えていくプロセスを、対話の中で実践してほしいと願っています。

対話のきっかけになることをお二人の先生からお話ししていただきます。市民として、キリスト者として何ができるのか。お二人の間でも相互に質問を投げていただいて、皆さんとご一緒に考えていただきたいと考えています。少人数ではなしあいをしていただくため、A〜Dのグループ分けをいたします。各グループの司会者には、はなしあいのポイントをまとめ、あとで総合討論の冒頭に発表していただきます。

市民として、キリスト者として、何ができるか。福島原発事故を原点に据え、あるべき日本の方向を探る。それぞれにご質問があれば投げかけていただければと思います。

姜　二点お話しをしたいのです。上山先生への二番目の質問に「被爆国であるがゆえに日本が科学技術について前向きにできることがあるのではないか」というものがありました。実はこのロジックこそが、ある意味で原発を進めたのです。アメリカのアイゼンハワーは、米ソ対立の中でソビエトが核開発を進めていく一方で、同盟国に対する原子力の平和利用を推進しようとしました。それに対応したのが読売新聞の事実上のオーナーであった正力松太郎と中曽根康弘だったのです。彼らの論理はこうです。日本は被曝した唯一の国であるがゆえに原発の平和的な利用が必要なんだ。またそれが日本のミッションなんだという、ある種の極めて逆説的な論理が原発推進の一つの存在理由（レーゾン・デートル）になったわけです。こうした前向き主義というものに対して違和感を持たざるをえません。まさしく前向き主義こそが、過去との断絶を避け、過去と変わらない形で前へ前へと進んでいくことを促しているわけです。夏目漱石は『三四郎』の中で、そういう日本は滅びるよと三四郎に語らせています。漱石が見たものはまさしく前向き主義的なオプティミズム、科学や技術に対する底なしの楽観主義、それこそが危ういと彼は見通したのだと思います。

　私たちは鉄腕アトムの世代です。その妹がどういう名前かご存じですか。「ウラン」ちゃんですよ。何も私は手塚治虫さんを責めているわけではない。また彼はそういう人ではなかった。しかし、鉄腕アトムは当時の前向き主義を象徴していると言ってよいでしょう。私は1965年に家出して、読売新聞の配達をしながら東京の世田谷に一カ月間住んだことがあります。戦後の日本の高度成長の中で、私のように熊本で生まれた人間は、東京に出てきて、なんて明るいんだろうと、うれしくて仕方がなかった。熊本の駅裏の暗い世界からやっと脱出できる、東京はすごいなと感激したものです。熊本はみすぼらしいとも思った。ネオンに輝く世界にどんなに憧れたことか。しかし、僕も含めてこういう人間たちが福島をもたらしたのです。

しかし私は同時に、白土三平も大好きだった。彼は手塚治虫の好敵手だったかもしれません。白土三平の教えは、人間は科学の子ではなくて自然の子だというものです。我々が忘れかけていたものを、手塚治虫ではなく白土三平が語ってくれたと思います。

白土三平の後継者が宮崎駿かもしれません。彼の中にも、白土三平が描いたような、人間は自然の子であって、所詮は自然の一つに過ぎないという人間観があります。しかし私は宮崎さんには違和感を持っています。上山先生から、創世記の読み直しを通して、自然をキリスト教的にどう捉えるかという問題が提起されました。私は宮崎駿さんが捉える自然に対し違和感を持っています。自然そのものをキリスト教的にどう捉えるかということは大きなテーマだと思いますので、これをみなさんと一緒に考えたいと思います。

二番目は市民ということです。私たちはまさしく市民であらねばなりません。しかし私が見る限り、日本はずっと根本的には官憲国家でした。ドイツ語では Obrigkeitsstaat と言います。明治以来その根本はずっと続いています。その中に市民主義や市民社会をどのように作り上げていくのかという議論が50年代からずっとあったわけです。松下圭一さんは「シビル・ミニマム」と言った。それをどうやって日本の中に行き渡らせるか。

しかしここで皆さんと考えたいことは、ワイマール共和国がなぜあのような状態になってしまい、ヒトラーの独裁を許したのかという問題です。ワイマール憲法第48条には大統領の独裁条項が入っています。戦争や巨大災害といった非常事態が起きた場合、そこに国家が神のようにすべてを引き受けて決断し、国民を指導するというのです。ナチズムを弁護した憲法学者のカール・シュミットは、「すべての政治学の概念は神学的な概念だ」と言いました。市民主義にとって最大の問題は非常事態の衝撃であり、それにどう立ち向かうかということです。今、安倍政権は、防空識別圏問題に表れているような中国の軍事的拡張が、沖縄や九州の安全に大きな脅威を与えるはずだと言い、非常事態への危機感を国民の中に煽り立てようとしている。自民党の憲法改正草案をみると、まさしくその考え方が出ています。非常事態つまり日常とは異なる危機的状況は、私たちにとっても彼らにとって大きなチャンスです。非常事態を設定することによって誰が主権者として決断するのか、ここに政治の本質が現れてきます。しかし今のままでは結局、安全保障の名のもとに、不安に駆られた市民は少しずつ国家による洗脳状態に置かれ、国家的な専制を許してしまうのではないでしょうか。安倍政権はそれを狙っていますし、麻生さんが（憲法改正を巡って）「ナチスの手口に学べ」と発言したのも、決して偶然ではありません。市民は、市民主義を超えようとする官僚主義と国家主義にいかに立ち向かうかを考えなければなりません。そのためには常日頃から市民的なネットワークをしっかりと作っていかなければなりません。中国や隣国に対する脅威感や敵愾心を植え付けられていると、仮に東京で大地震が起きて何らかの流言蜚語（りゅうげんひご）が流れたとしたら皆信じてしまうと思うのです。こういう状況をなくさなければいけない。そのために国境を超えた市民同士の交流が必要です。

上山さんへの質問として、世界を考える前に、近い韓国や中国といかに脱原発に向けた取り組みができるのか、地域主義的な市民連帯が可能なのか、これをまず考えていく必要があるのではないかということを思っていますので、お答えいただければ幸いです。

司会者　非常に整理されたお話しをありがとうございました。上山先生からお願いいたします。

上山　今、言ってくださった韓国、台湾、中国との関係でいいますと、富坂キリスト教センターは天皇制のことで、そのあたりの国と一緒に活動をしています。原発の研究会も立ち上げました。富坂で考えていることは韓国や中国、台湾とのつながりがある問題も多いので、可能ではないかと申し上げたんです。残念ながら今回はできませんでしたが、そのあたりとの交流、考え方を共有していくことに関しては、国がこれだけ難しい中で、たいへん重要だと思います。

日本キリスト教団もそういう気持ちをお持ちだと思いますが、私たちの日本キリスト教会も在日大韓教会と宣教協約を結んでつながりを持っていますので、こういう時こそ、教会同士がつながりを持つことは大事ではないかと思っています。

ドイツでユダヤ人の迫害が始まった時、カトリックはいち早くドイツ・ナチス政権と取り交わしをして、それぞれの領域をおかさないということで生き延びました。プロテスタントは、いくら集団を組んでいても個々になりますので、弱かった。その中で1933年前後に何が起こったか。ユダヤ人が捕まえられていく中で、教会という組織はいろんな意見が組織の中にあるという理由で動けませんでした。こういう意見の人もいる、ああいう人もいる。気がついた時には教会は何もできなかった。しかしその中でも動いた人たちがいます。ドイツの教会の組織の中で女性たちのグループが動いています。いち早く「聖書の信仰からいって、おかしい」と組織にも訴えかけています。これは、後になって歴史を研究してわかってきたことです。ドイツの教会はそのことを反省して組織全体として変わる必要がある面は変わってきたという歴史があります。

日本の場合も教会が戦時、どうだったかが問われています。教会としても、歴史を振り返って積み上げていく作業をし続けなければならないと思っています。

姜先生への質問ですが、日本の政治家たちはなぜわからないのかというお話しを社会分析していただきながら聞かせていただいたのですが、まだ「わかった」とは言えない印象を受けています。だからこそ、牧師として、教会として福音的に考えると、こういうことになるのかなということを今日は申し上げさせていただいたということです。

司会者　今のご質問について考えるヒントだけいただければと思います。

姜　今日、ご一緒にマタイの福音書を読みました。１００匹の羊の中の1匹が迷い子になった時、それを見つけ出した喜びについてお話しをしました。私の目から見ると、日本の権力のあり方は牧人型権力なんですね。市民に対して、あなた方は囲いの中の羊のように安全に草をはんで暮らせますよ、そのかわり牧人にすべての権力を預けなさい、と要求します。多くの市民は、迷い子になることを一番恐れている。迷い子になること、これは国家の論理からすると異端者になることです。この社会に生きている者はみんな異端者と見られることを最も怖がっています。迷い子の1匹になることを恐れているのです。たとえ少数者となっても、自分の考え、自分の意見を出して、99匹の羊に対して1匹となってもいい、という考え方が私たちの社会にはできないんですね。この点、韓国とはかなり違うと思います。韓国では権力がはっきり見えているので、対抗勢力も強いし激しい。デモもたくさんあります。教会も社会参加と福音宣教を分けて考えるのではなく、社会の中で自分たちの神の国を実現しようとする。ところが日本の場合、権力が見えにくい。気がついた時は手遅れ。権力が表だって抑圧的な振る舞いをしなくても、市民自らが自粛してしまう。結局は最も効率的な権力のエコノミーが成り立っている。つまり権力をふるうことなく、すでに市民から自動的に反応し、自ら萎縮し、行動を規制しているのです。こういうことが、昭和天皇が亡くなった時も起きましたし、今後も起きるでしょう。特定秘密保護法――私に言わせれば「不特定」秘密保護法――ができました。これによってメディアはすでに萎縮しています。「権力はこう思うだろうから、こういうことはやめよう。皆からこう思われるだろうからこれをやめよう」。そのようなところでは、牧人型権力を突破できる市民主義の主体性はどうしても成り立ちにくいのです。

私は最初からマイノリティだと思われています。亡くなった筑紫哲也から「マイナー・メジャーはだめだよ。俺みたいにメジャー・マイナーになれ」と言われました。言説としてはメジャーなマイナーをめざそうということです。どんなに水増しされても、多くの人々に牧人型社会における生きづらさをとにかく自覚してもらう。そこから初めて市民という存在が実体を伴って作られていくのではないかと。

市民は専門家・官僚・政治家に対抗する存在です。本来はそうですが、牧人型社会に生きていると、ありとあらゆるものがケアされている。電車を降りる時は「傘を忘れないようにお気をつけください」、エスカレーターでは「ベルトにおつかまりください」などと、私たちはこうしたケアを日ごろからシャワーのように浴びています。牧人型権力の安楽さが、人々を市民的な自覚へ向かうのを疎外しているのではないかというのが私の考えです。

司会者　姜先生からは過去の前向き主義と向き合わない姿勢が福島の現状をもたらしたこと、非常事態の中で市民であり続けることも課題として投げかけられました。また上山先生からは韓国、台湾との連帯の可能性、福音から原発を語り続けることの大切さ、また、ドイツのような過去から学ぶことの大切さをお話いただきました。今、語られたポイントをもとに、これからグループ討論に入っていただきたいと思います。そして最後の総合討論に入りたいと思います。各グループの司会の方々、よろしくお願いいたします。

司会：小原克博（関西セミナーハウス活動センター運営委員、同志社大学神学部教授）

市民として、キリスト者として——全体討議

各グループの意見のシェア

司会者　これまでのまとめの時間としたいと思います。このフォーラムの目的は結論を出すということではありません。課題は何かということをシェアしながら、私たちにとってのコモンを育てていくことにあると思います。ここでのコモン・グッドを見つけることができないか、ということです。ささやかなものであるかもしれませんが、ここで互いにはなしあったコモン・グッドを、お二人の先生方にもシェアしていただきました。その中で、姜先生はマイナー・メジャーという自分の立ち位置をお話しくださいました。ここで生じた小さなコモン・グッドをお二人の先生が引き受け、また新たなコモン・グッドへと広げていってくださることでしょう。そこで、私たちの無力さを嘆く前に、自分たちが今、何を課題としているかを存分にシェアしていきたいと考えています。初めに、A～Dそれぞれのグループの司会者から論点を

紹介していただき、議論の足掛かりにしたいと思います。

まず、Ａグループの司会を務めた私から始めさせていただきます。一点目に、反原発運動の中にも右から左まで立場がいろいろとあることが挙げられました。姜先生には、「小林よしのりの『脱原発論』というマンガは影響力がありますが、愛国主義と脱原発が結びついていることをどう考えておられますか?」との質問がなされました。姜先生からは「それは別に新しいことではない。ドイツでもあったし、日本でもある。しかし混ざりあっていることについては注意をした方がよい」というアドバイスをいただきました。次に、「牧人的支配が、どういう意味で問題なのか」が議論されました。「打ち砕かれた経験を日本は持っていないのではないか」ということも取り上げられました。私たちは戦後の日本社会が、２発の原爆から、灰の中から立ち上がった、という印象を自国の戦後史に対して持っています。しかし、姜先生いわく「他の国から比べれば平和な戦後のスタートだった。打ち砕かれていない」のです。私たちはこの部分をどう受け止めたらいいのか。また、最後にご自身のかかわる教育の現場において特定秘密保護法を含めて「正しさをどのように若い世代に伝えていくべきか」という問題提起がありました。

私たちがここで刺激を受けて、いったん、会社や組織に帰ると、今は意気揚々としていても組織に反映させることができない難しさがあり、政治の場も複雑怪奇で市民の声を届けるのがなかなか難しい。市民として何ができるかという課題についてはなしあい、難しいが、しかし行動に移していかなければならないことが確認されました。プライベートでもパブリックでもない、その中間のコモンに対する関心についても改めて表明されたように思います。

榎本　Bグループには、お二人の先生が参加してくださいました。まず責任論についてはなしあいました。政治家は無責任に原発反対と言えない。経済的な理由や労働者が職を失うという現実があって、野党の時には原発反対と言っても、政権を取ると賛成になる。しかしドイツでは、次世代や100年、200年先のことを考えると原発は高くつくと言う。その意味で本当の責任について考える政治家が必要だ。それは決して無責任ではない。次世代を見つめた上での責任を考える市民グループ、パワーを育て、選挙の時も責任が持てる人を選んでいかなければいけない。経済的な意味として価値観の転換ということが国民的に必要ではないか、というはなしあいがありました。

金山　Cグループの報告をします。今、沖縄で福島産の米が売られているそうです。イオンとかで、「がんばろう、福島」ということでセールをしているそうです。食べていい放射能値だという。しかしそれが特定のサンプルの値であったり、除染に暴力団関係者が入っていたりして、どこまで本当かわからない。しかし、そんな中でも一人ひとりが、今できることをやっていきたい、知っているつもりにならないで知ろう、という意見がありました。また『週刊金曜日』やドイツのデータ、アメリカ人が福島を撮った映画「A2—B—C」など外国のデータに触れてみると通常見えないことが見えてくる、という意見もありました。さらに「脱原発というなら廃炉をどうやっていくかも考えないといけない。技術者はどうなるか」という質問がありました。これに関しては昨年ここにお呼びした北澤先生が、次のように答えてくださっています。「東大、首都圏大学などの原子力工学の志望者は増えています。決して減っていない。廃炉を見越してがんばろうという若い人たちもいる」。さらに「一昨年の衆議院選において福島県で原発を推進する人が当選したのはなぜなのか。それがわからない」との質問もありました。これに対して「貧しい地域は金で魂を売り渡されてきたのだ」という意見がでました。

福島　Dグループでは全員から一言ずつ話していただきましたので、順番にご紹介します。「子どもたちに何を伝えるか。小さいもの、社会的弱者の声を感じ取る感性を身につけていきたい」「この国は本当に正しい方向に向かっているかを問うていきたい」「心と心が通いあう豊かさへ勇気を出して取り組みたい」「これまでの経験の中で高揚と停滞を経験してきた。停滞の中でも生きていけるようになるべきだ」「戦争を経験した方と理屈でしかわからない人の本質的な考え方の相違は何かを知っていきたい」「教会の牧会者としてこれからも市民レベルの反原発の取り組みを進めていきたい」「アジア太平洋戦争について学べば学ぶほど戦争の悲惨さに触れて、恐ろしさに落ち込む。しかし厳しい中で闘うのが信仰なのだ」「国家が管理して本当のものが見えなくなっている中にありながら同じ市民同士がレッテルを張り合っていることに危機感を持つ」「自然と対話しながら愛、自由、解放を道しるべに楽しく、質素に生きていきたい」「今回のエネルギーというテーマに関し、神の力、社会の力——これは権力に置き換えられますが——自分自身の生きる力、という三つの力のバランスを見つめながら生きていきたいと感じた」という意見が出ました。

市民レベルでの隣国関係構築

司会者　各グループからの報告、ありがとうございました。残りの時間、はなしあっていきたいのですが、論点のいくつかは出てきていますので、自由に追加のコメントを出してください。私はこう考えるとか、今回のテーマである「福島原発事故を原点に据えて日本と世界のあるべき方向を探る」に関して日本はこれからどう生きていくべきかなど、何でも結構です。問題提起、事実の指摘もなされました。世界はどう動いていくのか、世界に対してどう発信していくか。具体的には日本が韓国、中国、台湾など隣国と関係を持ちながら、この問題を訴えていくことはできるし、また、していかなければならないと、お二人の先生からも意見が出されました。グローバル化の時代になって、皮肉なことに国境の重要性や、国民の純粋さが強調されています。グローバリズムとナショナリズムは絶えず連動しているわけですが、こういう現実の中で国境を超えていく努力、国内の問題をどう考えていくかという両方を見据えていく必要があると思います。しばらく、議論の方向性を制限せずに自由に発言していただきたいと思います。コモン・グッドを作り出すために、端的にご意見を賜れば幸いです。

参加者i　アジアの人との平和は政治的な課題だと思っていました。朝鮮半島、台湾、中国との緊張関係は政治の世界のことだと思っていたのです。私は医者ですが、外来にたくさんの方がいらっしゃる。そんな中で、残留孤児の方とか、中近東の方から労働力としてこられた肌の黒い人がやってくると「不安よね」という言葉が平気で発せられているのを耳にします。身近なところで親しくなる、言葉は通じないけど、親しくなるということが、日本のあちこちでなされることが、アジアの緊張緩和につながっていくのかなと思います。ヘイトスピーチが盛り上がってきても、近くに友だちがいて、親しい人がいれば、そうはならないことを教えられたことをうけて、政治の世界の緊張緩和は政治家の仕事でもあるけど、市民の仕事でもあるし、

教会の役割でもあるのかなと考えさせられました

司会者　大事な課題の一つですね。今のご発言に関連して、私たち市民レベルで隣国関係、国境を超えることが、こういう形でできるのではないかという意見はありますか。

参加者k　姜先生のお話しを聞き、在日の方たちに参政権がないということを今さらながら知って、差別されていることを実感し、在日の人のたいへんさがやっとわかりました。問題を身近に感じた時にそれがわかったんですね。日本人の私たちは差別することはないと思っていましたが、このことを身近に知った今、日本人として申し訳ない気持ちになりました。親しくなることや、話をしていくことが大事なんだなと思いました。

司会者　国境を超える、飛行機で韓国、中国にいくだけではなく、身近なところにいろんな人たちが暮らしています。身近な交流が大事だと思いますが、それに関連するエピソードをお持ちの方はおられますか。

参加者I　私は、カトリック教会の信徒です。名古屋の教会の友人のことをお話しします。

彼女は、姜先生のお母さんと同じように日本に渡ってきました。豊かではない環境で、恵まれない職場で韓国人として生きてきた。韓国でもいい職につけなくて、日本に行ったらいいお嫁さんになれるよと言われて渡ってきたが、日本についたらもっと悲惨な状態だった。トイレも台所も共同の長屋アパートで暮らしてきました。それでも日本語を勉強し、新聞配達をして夫の給料の足りないところを助け、男の子を3人育てた。夜間高校、夜間大学も無遅刻無欠席で卒業して、今はホスピスでボランティアとして働いていています。私は今、彼女と知り合って、彼女と出会ってほんとによかったと思っています。尊敬しています。努力家だし、同じ人間として、国を超えて人として、関わっていかないといけないと感じています。彼女のことをお伝えしたいと思いました。

司会者　今のお話は、パーソナルな関係が偏狭なナショナリズムを超えていく基礎になるという実例ですね。

キリスト教と科学研究

参加者m　私はドイツ人で、ドイツを宣伝するつもりはないですが、ドイツはいい国だと思っています。ドイツで原発の問題に対する社会の問題意識を高めるため、間接的に政治に影響を及ぼしたのはハイデルベルクにある教会の研究共同体の研究所です。これは主にドイツの州立教会が財政的に支えている研究所です。専任は2、3人ですが、自然科学分野、社会学、政治学、哲学、一部神学者も協力した委員会で、原子力やエネルギー問題について正確な、いい研究を行い、その成果を出版しています。これはたいへん注目された書物で、中立の立場に立って、具体的に各分野から何をすべきかを提案した書物です。彼らは、反対するだけではないのです。問題を指摘した上で、これからどういうことをすべきか、どういうことができるかを述べています。この研究はドイツ社会で相当な影響力を持つようになりました。日本においても、このような研究所を作ることができるのではないかと思うのです。これは教会主体では、まあ無理でしょう。お金もないし、教会と教会の間には壁があり、それを破るのは難しいからです。ただ立派な大学、私立大学、特にキリスト教主義大学は力を合わせてそういう研究所を作ることができないかなと思います。大学にとってこれを作ることに、財政的問題はない。大学は立派な学生を引っ張るために、立派な設備を作っています。その一部を建物のためでなく研究所のために使えばいいんじゃないかと思います。もちろんキリスト教主義大学もかなり考え方を変えないと、協力し合うことは無理でしょう。これは組織としての教会よりも、日本におけるキリスト教が社会に貢献できることです。今日は立派な先生に来ていただいているので、来年こういう研究所ができましたという発表が聞ければ、日本にもまだ希望があるなと思います。

司会者　ありがとうございます。すばらしい提案ですね。姜先生も聖学院大学というキリスト教主義の大学におられますので、ご一考いただけるかなと思います。同志社大学も今の時代において、どのように社会に貢献できるかを問わなければならないと思います。ドイツにおけるプロテスタント教会の研究所の例をあげてくださいましたが、これはプロテスタント的な側面からの問題提起ではなく、ニュートラルな問題提起ですね。課題としては、科学全般を扱う科学倫理ということでいいのでしょうか？

参加者m　そこで協力しているのがクリスチャンです。ドイツにおいてクリスチャンの義務は教会税をおさめることだけですが、それら研究所に在籍する多くの人は物理学者です。その他は有名な社会学者、政治学者、哲学者が研究委員としてボランティアで自分の仕事を持ちながら協力する。研究プロジェクトを作って2カ月に一回、会議を開いて、発表して、原稿を見直して結果が出たら印刷する。自分たちの小さい出版社を作って安いものを販売する。

司会者　扱ってきた問題の一つは原発ですね。科学が関わっているものを研究対象にしているということでしょうか？

参加者m　科学よりも社会問題です。それぞれの社会のニーズに応えようとしています。未来についての研究も多いんです。一つは原発の問題で、この研究の出発点になったのは、バーデン州で新しい原子力発電所を作る計画が出されたことでした。周辺の教会は心配して、どうしたらいいか教えてくれないかとこの研究所に依頼しました。そこで初めての本が出た。反対するだけでは十分ではないんですよ。将来のエネルギー問題、原子力の代わりにどういうエネルギーがあるか、省エネはどういうことができるか。建築の断熱の問題とか、具体的な根拠のあることを提案して、こういうことを教会として提案したらどうかと進言した。ローカルな教会のグループがこれを取り上げて、それから大きな社会の運動が始まったということです。

司会者　このドイツでの取り組みは大事な点を含んでいますね。日本の教会のことを考えますと、マイノリティであることをどう活かすか、ということにも関わってきます。マイノリティであるから互いに連帯して壁を超えていけばいいんですが、マイノリティにもかかわらず小さくまとまっている、高い壁があってなかなか連携してこられなかった事実があります。この問題をどう超えていくかは日本のキリスト教にとって大きな課題です。連携していこうという呼びかけだけでなく、具体的なシンクタンクとかセンターを作って、大学なら大学の壁を超えて連携できるものがあれば日本社会の貢献にもなり、新しいコモン・グッドの一部にもなるのではないかと思います。

本当の豊かさとは

参加者n　今の日本のキリスト教会では、テーマをあげてもあまり大きな力にならない。私は今のことに触発されて、本当の豊かさは何かということを考える共同研究をしてほしいなと思います。日本は1945年に敗戦して、まさに焼け跡から戦後は始まった。何も資源がない。経済を復興することに国民あげて焦点を合わせてきた。その努力が実って世界に冠たる経済大国になったわけですが、そのかわり副作用として、倫理観が欠落してきた。今でも経済は重要だと思う、しかしあまりにも経済を追いかけてきた。経済的な豊かさとは違う豊かさを求める必要があるというのは一つの人間存在の本流として、少しずつですが、強くなっている。これは阪神大震災、東北大震災で強められてきた。お二人の先生の発言を通じて、本当の豊かさとは何かを日本の国民に問いかけて発信する努力が必要ではないかと感じました。刺激を受けました。

司会者　続けていきたいと思います。

参加者O　豊かさとは何かをめぐる研究会は、セミナーハウスの次の大きな課題ではないかと思います。経済と環境と人間が共存できる豊かさとは何か。経済を抜きにはできないだろうと私も思っています。Aグループの報告の中に、「日本人は打ち砕かれた経験をしてこなかった」という発言がありました。ドイツの元大統領ヴァイツゼッカー氏の「荒野の40年、過去に目を閉ざす者は」云々で始まる言葉を思い出します。学生たちに大統領の演説と村山談話の違いを比較してもらったことがあるんです。この演説の中には「心に刻む」という言葉が出てくる。日本の元首相の談話は「忘れない」という言葉を使っている。「心に刻む」と「忘れない」に対比が出ているように思います。思い出したのは高橋哲哉先生の『犠牲のシステム　福島・沖縄』です。地域の人々の犠牲の上に自らの欲望を肥大化させてきたことに私たちは気づき始めた。大量生産、大量消費、大量廃棄文明の中にどっぷり漬かってきた自分自身に気づかされたのです。しかし、それも「忘れない」レベルで終わってしまっていて、「心に刻む」という、そこから次の行動、動きに発展していないのではないか、立ち止まってしまっているのではないか、気づきで終わってしまっているのではないか、という反省を強く持ちました。今日改めて、教会の中で、社会の中で、職場の中で、自らが打ち砕かれ心に刻む体験をすることができるのだろうかという疑問が大きなテーマとして突きつけられたと思います。

日本人は、なぜ「心に刻む」ということが言えないのか、「忘れない」というところに止まるのか、自分を写し出す鏡を外に持てない、絶対者の前に立つことができないでいる私たちの弱さを、教会がどう捉えて、宣べ伝えていくのかというチャレンジも与えられているのかなと、そんなことを強く思わされています。

話はそれますが、自民党の憲法改正草案を読みながら、序文の中に「天皇を戴く国家」から始まることに、キリスト教会が声を上げていないことに不思議さを感じています。今の憲法には公務員は憲法を遵守する条文があったと思います。国会議員や大阪府政を預かる人たちの憲法を遵守する責務はどこにいったのか、この人たちは憲法違反をやっているのではないか、と追及しなければいけないと思ったりもしました。

参加者p　ドイツの研究所と関係する話ですが、私が沖縄で起業して成功したら世界科学研究所の寄付講座をやってみたい。アメリカと韓国で動いているキリスト教世界観について紹介したいと思います。アメリカでは超教派的に1週間から10日間、宿泊しながら学ぶ世界観というカンファレンスが、あちこちで専門家を招いて定期的に行われています。本拠はコロラド州にあります。日本は原発や経済問題だけではなく、あちこちに爆弾を抱えている。借金の問題、教育の問題、福祉の問題。いろんな分野における聖書的な世界観は何かということを、ぜひ力をあわせて議論できる場を作りたいと思います。韓国ではキリスト教世界観普及運動のグループができて、20年以上活動しています。私もメンバーの一人ですが、大学、教会のカンファレンスに招かれ、聖書の教えている世界観を、他の分野においても、これから提案していかなければいけないなと思っています。何とか教会を超えて一体感を聖書から見出せないかなと、個人的には考えています。

姜先生の言葉で心に残っているのは「日本のキリスト教」ではなく「キリスト教の日本」という言葉ですね。国家、武力に対して立ち上がる唯一のものは、キリスト教ではないか。なぜ先生がそう話されたのかを、ぜひお聞きしたいと思いました。

参加者m　nさんに反対するのは恐縮ですが、本当の幸せは何かということについては、生活が安定しているnさんや私だからこそ考えることができる。しかし東北の仮設住宅で生活している人たち、就職できない若者、年金、失業保険で生活できない人にとって本当の幸せは何か考えるというのは、ちょっと贅沢ですね。もう少し現実的に考えるべきではないかと思います。日本の社会においても十分な生活レベルを享受できていない人が多くいる。次の世代は、我々の世代と同じような生活はできないだろうと思われる。空気はきれいでない。海もきれいでない。だから立派な哲学よりも、具体的な問題とぶつかって、どうすればいいかということをキリスト者として考えるべきではないかなと思います。申し訳ございません。

司会者　おそらく、お二人は対立することをおっしゃっているわけではないと思います。

参加者n　僕は、経済は大事だと思います。しかし現在あまりにも経済に重きがおかれていると感じるのです。研究所でやるべきことは経済の豊かさではなく、内面的な豊かさを訴えること、それが今の日本にとって大事だと思います。原発の問題、失業者の問題、環境の問題は、また別の専門機関で考えることができるのではないでしょうか。mさんがご提案の研究所では、キリスト教でないと、大学でないとできないことに絞ってやってほしいという意味ですから、ご理解をいただければうれしいと思います。

司会者　現実問題への対策と精神の問題は不可分の関係にありますので、お二人が言われていることは、決して矛盾することではないと思います。ナショナリズムをどう克服するか、国境を超える問題、原発の問題を考える場がないので、作ればどうかというご提案もありました。関西セミナーハウスで、それができればよいのですか、すべてできるわけではありません。できないところをキリスト教的な精神を持っている大学でやっていくというのは現実的だと思います。これまでの議論で、考えるべき課題を与えられたと思います。いくつかのテーマに関連して、あるいは関連しないコメントでもかまいませんので、どうぞ。

参加者q　お二人の先生の話を聞いていて感じたことですが、本当の豊かさとか幸せを考える時に私の心に思い浮かぶのは、ものを作っている時間です。私は高校が京都市立銅駝（どうだ）美術工芸高校で、美術が専門で漆芸を勉強させていただきました。そこでものを作っている時間が平和そのもので、静かな畳の部屋で、虫がなく声とか、木のざわめき、小さい生き物の声が聞こえてきたりしました。毎日が忙しく、目の前のことをこなすのが精一杯の人が多いと思いますが、じっくりと心を耕す時間とか、耳を澄ます時間とか、とにかく自分と深く向き合っていく時間が大事ではないかと思っています。私は自分の生き方を考える上で教師になろうかと悩んでいるのですが、もし美術の教師になるならば、ものを作ったり、絵を一緒に描く中で、子どもたちにこの幸せを感じてもらえたらいいなと思っています。

司会者　大事な視点だと思います。狭い意味での愛国心とヘイトスピーチの背後にあるのは余裕のなさだと思います。自然との語らい、心を満たす経験をしていくことが、人間のもつ憎悪がむき出しにならない仕組みを作っていくことになると思います。関西セミナーハウスは京都の中でも、いい立地条件にあります。この建物の上には茶室、能舞台があります。一見すると日本の伝統文化とキリスト教とは、水と油のような関係に思えますが、日本の伝統的な精神とキリスト教は一緒にやっていけるのだということで、これまでやってきています。ものを作る、畳の上でお茶をいただく、能舞台を見る、そういったことで精神的な深みを増していく、それと信仰の世界をつなげていくことを、この場所でやってきたと思います。政治の、きな臭い問題もありますが、それらときちんと向き合っていくためには、日常的な精神の深みをどう増していくかも大事な部分だと思います。

他国から学べること

参加者r　私はドイツをすばらしいと思っています。上山先生の参考文献の『ドイツ脱原発倫理委員会報告』に書かれていますが、メルケルさんが作った安全エネルギーに関する倫理委員会によって、ドイツは脱原発をしたわけです。その倫理委員会報告には、しっかり経済のことも書かれています。自然エネルギーに代えることによって経済は今以上になる。10年以内に脱原発と言っていますが、もっと早く脱原発ができる計算もされています。今、それに向かってドイツでは計画が実行されていっているようです。ドイツが脱原発に舵を切れた中には、キリスト教倫理があったと思っています。大江健三郎さんも市民運動の中で「日本には倫理がない、特に政治家が原発を考える時に倫理がない」と言っている。大学で、そういうことを考える場所をぜひ作っていただきたい。キリスト教関係者が出したからといって、大臣がそれを取り上げるのは夢の中の夢かもしれませんが、私たちキリスト者は、それによって夢をいただき、希望を抱ける。ぜひ作っていただきたい。もう一つ、3・11以後、韓国は福島第一原発事故を受けて学校を数日間休みにしました。放射能の影響を考えて。日本は全然そういうことをしていません。福島の方たちも教育委員会に学校を休みにするように保護者が申し出られましたが、休みにしませんでした。韓国はしっかりと休みにしたんです。これには韓国と日本の教育に携わる人たちの思いの違い、倫理の違いも関わってくると思いますが、韓国はどうして休みにされたのかなと思います。もしご存じの方があったら教えていただきたいと思います。

去年9月、浜町教会で牧師をされている韓国の朴先生と一緒に4回目のベラルーシに行きました。浜町教会は、福島原発から20キロメートル圏のところにあります。朴先生は27年前のチェルノブイリ原発事故の汚染地域にいる方たちがどんな思いでおられるかを聞きたいということで、一緒にNCCから9人でいきました。日本の牧師先生からの提案ではなく、韓国の牧師先生の思いで私たちは行かせていただきました。韓国の方たちや朴先生と、一週間ご一緒したんですが、日本の私たちのスケールとは違うなという思いもしました。

司会者　韓国と日本の交流のあり方、韓国から学ぶべきものがたくさんあることを教えていただいたと思います。さまざまなご意見をいただきました。希望的な方向で終われそうで、たいへん嬉しく思います。残りの時間は改めてお二人の先生方から今までの意見を受け止めていただいた上で、最後のメッセージをいただければと思います。

さいごに

姜　私からあえて総括する言葉などありませんが、皆さんのはなしあいをお聞きして、ここに集まっている方々は、やはりいわゆる一般の市民と比べると問題意識が高いと感じます。高いがゆえに、いわゆる普通の人と比べると、場合によっては少数者になってしまう。しかし私がよく引用する言葉で、「今日のマジョリティは明日の少数者になるかもしれない。今日の少数者は未来に向けてマジョリティになり得る」という言葉があります。これは亡くなった加藤周一さんがよく言っていたことです。少数者であることを恐れる必要はない。むしろ、流れに抗していけば少数者がマジョリティになることもあり得るわけですね。逆に言うと、既存のマジョリティは、将来のマジョリティになるかもしれない少数者を一番恐れている。だから、そういう人たちから一人ひとり潰していこうとします。まず大切なことは、普通だと思っている人たちと私たち――多分、少数者だと思っている人たち――の間に、何らかの関係を結べるような会話、対話の絆を持つことだと思います。

韓国の原発事情をＮＨＫの取材で見てまいりました。国道1号線を北上して行ったところに原発が5基並んでいます。韓国の現状は全部で21基。北朝鮮との関係があるので南側に集中しています。その中で感銘を受けたのは、ある市民グループの行動です。ヨーロッパからもメディア関係者がずいぶん訪れていました。彼らは5基並んでいる原発の入り口に陣取って、そこに自分たちのステーションを作って常駐して、原発に出入りしている者を全部監視するのです。しかも、原子力の管理会社――韓国は公社がやっていますが――に申し出て市民が中に入り、専門家を連れて視察し、どことどこが危ないのか、怪しい部分に関しては逐一、そこはどうなのかと質問していく。日本では、50数基ある原発の中に入れる市民は一人もいないと思います。市民たちが専門家を連れて中に入っているという事実に、私はとても驚きました。

大事なのは、そういうことをやり始めた人は、ほんとうに普通の人だということです。普通だった人が変わるんですね。私たちもキリスト者として、変わらなければならない。神の声を聞けば、人は変わる可能性があるのです。最も保守的だった人、これまで原発に何の関心もなかった人が、福島原発事故から大きく変わっていく。

重要なことは、韓国では日本のように原発に莫大なお金が動いていないということです。日本の場合は原発が沿岸部の過疎地域にあります。韓国の場合は、比較的町中にある。メルケルが福島第一原発の事故のあと、ミュンヘン郊外の原発2基のうち一つを停止しました。NHKの取材でそこも見てきました。この原発は町とほんとうに目と鼻の先にある。つまり隠れた場所に原発を置いていない。原発が存在していることを住民は常に意識しています。町に近いことはリスキーかもしれない。でもそのリスクも可視化されている。残念なことに日本では、消費地が供給地を完全に遮断して、あたかもないかのようにしてしまっています。日本の場合、権力は見えにくいし、原発も見えにくい、つまりインビジブルなんです。見えない権力が張りめぐらされているから、関心を持とうとしても難しい構造がある。韓国の場合は5基並んでいるので、はっきり見えるわけです。

総括的に言えるとしたら、我々はマイノリティであることを恐れる必要はない。そこにこそ可能性がある。私が一番好きな言葉で、最後の結論として言いたかったことは、イザヤ書53章1節から5節までです。

だれがわれわれの聞いたことを信じ得たか。主の腕は、だれにあらわれたか。彼は主の前に若木のように、かわいた土から出る根のように育った。彼にはわれわれの見るべき姿がなく、威厳もなく、われわれの慕うべき美しさもない。彼は侮られて人に捨てられ、悲しみの人で、病を知っていた。また顔をおおって忌みきらわれる者のように、彼は侮られた。われわれも彼を尊ばなかった。まことに彼はわれわれの病を負い、われわれの悲しみをになった。しかるに、われわれは思った、彼は打たれ、神にたたかれ、苦しめられたのだと。しかし彼はわれわれのとがのために傷つけられ、われわれの不義のために砕かれたのだ。彼はみずから懲らしめをうけて、われわれに平安を与え、その打たれた傷によって、われわれはいやされたのだ。（口語訳）

私たちには予兆が与えられていたわけですね。しかし高木さんが活動を続けておられた時に、その予兆を受けとめることができなかった。警告している人をマイノリティとして、イザヤが記しているように叩いた。メディアはあたかもその人が虚言をいう人間であるかのように叩いていた。一昨日前橋に行きました。前橋に高木仁三郎展がありました。彼は群馬県出身です。私が聞いた限りでは、彼は東電から3億円積まれたと言います。莫大なお金ですね。10年前は僕にまで、東電からいくつかオファーがありました。それなりに大きなお金です。それに乗っていたら今ここで話ができない。私たちは福島で事故が起きてしまった今、マイノリティとして声を発していかないといけません。そのことによって孤立感を味わったり、場合によっては叩かれたりもするでしょう。でもそこには意味があることをイザヤ書は我々に教えている。ですから、マイノリティであることを恐れない、むしろ光栄に思いたい、そういうふうに私は思っています。

司会者　ありがとうございました。では上山先生、お願いします。

上山　この2日間、ありがとうございました。勉強させてもらいました。私は牧師として日々過ごしています。現実のいろんな苦しみを負っている人をみる中で、日本の社会がどんどん窮屈になっていっている中で、どう教会を形成していくかを考えさせられているわけです。現実の具体的な生活の悲惨がある。そのことを考えなければならない。その上でなおかつ聖書が示すものを示す。最貧国の子どもたちがいる。しかし日本人の若者も今、いろんな家庭の中で苦しんでいる。子どもたちが教会を訪れ、相談に来たりします。最貧の中にあっても、日本の中にあっても苦しむということがあるだろうと思います。具体的なことを解決することよりむしろ、そういう中でも生きられるような福音が語られる教会こそが求められていると思います。だから現実の世の中の制度、組織がどうでもいいということではなく、両方に関わっていく必要があると思っています。

教会は海外とのつながりも、もちろん考えていかないといけませんが、今いるところに立って、その状況の中でやっていく、そういう福音を聖書は語っているはずだと思っています。そのことを希望、可能性として取り組んでいくつもりです。

司会者　最後のはなしあいも、皆さんからいろんなご意見をいただき、最後にお二人の先生から心に残るメッセージをいただきました。お二人の先生方、どうもありがとうございました。全体を締めくくるにあたって関西セミナーハウス活動センターの小久保委員長よりご挨拶をいただきます。

小久保　私たちの社会は3年前、とんでもない事故を引き起してしまいました。このまま何もなかったかのごとく生きることはできない、どんなことをしていけばいいかを、皆様と一緒に考えたいと思って、昨年度からこのフォーラムを開催してきました。2日間にわたって熱心に一緒に考えてくださりありがとうございました。とりわけ講師の先生方には、休みなく長時間一緒に考えていただき感謝申し上げます。今後もこの問題を継続的に担っていきたいと思っています。どうぞご協力をお願いいたします。この2日間の記録は、第1回と同じように出版し、ここに参加できなかった人とも一緒に、この問題を共有できれば、と思います。出版された際には、周囲の人にお勧めいただければ幸いです。ありがとうございました。

グループ討議司会

A：小原克博（関西セミナーハウス活動センター運営委員、同志社大学神学部教授）

B：榎本栄次（関西セミナーハウス活動センター運営委員、日本キリスト教団世光教会牧師）

C：金山顕子（関西セミナーハウス活動センター運営委員、京都府立洛北高等学校教諭）

D：福島　旭（関西セミナーハウス活動センター運営委員、関西学院中学部教諭）

あとがき

修学院フォーラム「福島原発事故を原点に据えて——日本と世界の歩むべき方向を探る」は、関西セミナーハウス主催の他のプログラムと同様、テーマをめぐって早急な結論を求めることなく、異なる意見に互いに耳を傾け合うことを目的として行われた。その際、対話を通じて問題の深層に分け入り、問題解決に近づきたいと願い、講師の姜尚中先生と上山修平先生に、手がかりとなる講演をしていただいた。その講演内容と議論の一部が本書に収録されている。

原発問題とそれに関わる政治的・経済的・社会的課題は膨大であり、それを見渡すことは決して容易ではない。しかし、この問題を考え続けてこられた二人の講師の発言から、困難な課題に向き合っていくための指針と力を与えられたように思う。議論の全体については本書を読んでいただきたいが、はなしあいの中で、私が個人的に印象深く受けとめた事柄をいくつか紹介し、議論の雰囲気を知っていただくための一助としたい。

姜先生は「前向き主義」「楽観主義」には違和感を感じてきたと語られた。過去と向き合わず、断絶を避け、神の前に懺悔することを避けて、ただ未来志向を語ることは危険であるという認識がそこにはある。この指摘は、昨今、東アジアにおいて友好よりも緊張が高まり、その原因の一部を日本の政治家の発言や行動が生み出している状況と符合している。政治家好みの「未来志向的」という常套句だけでは、隣国との信頼関係を醸成することはできないだろう。過去とどのように向き合うかは、今後の日本のナショナル・アイデンティティの形成にとって重要であるだけでなく、東アジアにおける安全保障の問題とも不可分に結びついている。

過去を振り返る間もないほどに、戦後の日本は経済発展を目指してひた走り、その一角を原子力エネルギーの「平和利用」が占めていた。原発は日本の未来をバラ色にしてくれる夢のエネルギーであった。こうした議論の中、姜先生が指摘されたのは、「日本は唯一の被爆国であるから特別な使命がある」という言い方に潜む危険性である。このロジックによって原子力の平和利用が進められてきたという指摘から、自分自身の考えに潜んでいた甘さに気づかされた。私の祖父はヒロシマで被曝し、後半生をヒロシマの語り部として生きたが、私もまた、日本こそ反核平和運動の先頭に立つべき「特別な使命」があるという思いを抱いてきた。祖父からの影響は、私の中で、原子力エネルギーに対する根本的な疑念を形づくることになったが、確かに、経済成長を至上課題とする戦後日本においては、唯一の被爆国であるからこそ、原子力エネルギーを平和的なものに転換し、活用しなければならないという逆説的な論理が一般的なものになっていった。今また福島原発事故を経た日本が皮肉にも、その経験を土台に原発の海外輸出に精を出している。悲劇を経験した日本であるからこそ、絶対的に安全な技術を提供することができるのだと。同型の論理が目の前で繰り返されていることに、どのように対応していくべきなのか。この問いは、私自身の倫理的考察の中に刺さったトゲである。

今回のフォーラム全体を通じて、姜先生がキリスト者としての立場を鮮明にして語られていたのは印象的であった。著作の中でそれが暗示されている箇所はたくさんあるが、今回は姜先生の思想の立脚点をストレートな形で聞くことができたように思う。参加者の中にはキリスト者でない人もかなりおられたが、聖書に裏付けられた、その語りに「キリスト教臭さ」を感じた人は、おそらくいなかっただろう。キリスト教信仰がより普遍的な地平へと向かおうとするときの一つのモデルが、そこにはあった。

上山先生は、自らの経験を土台にしつつ、徹頭徹尾、聖書から問題を追及され、それは旧約聖書および新約聖書の多岐の箇所にわたった。原発という最先端テクノロジーを評価する日本社会の基準は、通常、技術的な安全性と経済効率である。しかし、人類が未曾有の力を手にしてしまったとき、聖書のように何千年も前に記されたテキストが、かえって大きな射程で問題の根幹を見据えさせてくれることを教えられた。

聖書は人間と神の関係だけを記しているわけではない。被造物と人間の関係、生きる空間としての天・地・水の意味など、人間が置かれた位置を文明史的な視野で見つめ直す手がかりを与えてくれる。もちろん、現代の問題に対する直接的な答えをそこから引き出すことはできない。それだけに、読み手が不断にテキストに向き合い、科学技術時代における意味を引き出す行為が不可欠なのであり、上山先生の話の中には、その実践例があふれていた。

はなしあいの全体を通じて私が感じたのは、参加者の中に、自分たちに何ができるのか、という問いが共有されていたことであった。そこには新たな「コモン」を形成しようとする意思があったように思う。私的領域と公的領域を区分し、公的な政治権力が個人の自由と安全を守ってくれるという近代的幻想は、今後も信頼できるのだろうか。「分ける」ことによって効率的な幸福の実現を目指してきた現代社会は、今や、分けすぎることによって生じたリスクを不可避的に負っている。

「公」と「私」を架橋する新しい「コモン」追求の道のりは決して平坦ではないが、その手がかりを本書から得ていただければと願っている。

２０１４年５月

小原克博

原子力発電と日本社会の岐路
聖書と共に考える混成型共生社会と脱原発

2017年3月30日　第1版第1刷発行

編　者……公益財団法人日本クリスチャン・アカデミー
　　　　　関西セミナーハウス活動センター

著　者……姜　尚中、上山修平

発行者……小林　望
発行所……株式会社新教出版社
　〒162-0814東京都新宿区新小川町9-1
　電話（代表）03（3260）6148
　振替 00180-1-9991、HP：http://www.shinkyo-pb.com
印刷・製本……モリモト印刷株式会社

ISBN 978-4-400-40742-3　C1016